# 机械制造实训指导

主　编　杜世法　郝春玲
副主编　陆显峰
主　审　郎丽香

哈尔滨工程大学出版社

## 内容简介

本教材是机械设计与制造专业教学改革的系列教材之一,编写上采用项目教学模式,主要内容包括机械加工基础知识、车床加工训练、铣床加工训练、磨床加工训练,以及机械制造车工理论训练。本教材参照最新国家职业技能相关标准,实现培养学生专业技能和职业素养的目的。

本教材适用于模具设计与制造专业、机电设备维护维修专业等领域,亦可供机械加工及自动化工程技术人员参考。

**图书在版编目(CIP)数据**

机械制造实训指导/杜世法,郝春玲主编. —哈尔滨:
哈尔滨工程大学出版社,2017.1
ISBN 978-7-5661-1418-1

Ⅰ.①机… Ⅱ.①杜… ②郝… Ⅲ.①机械制造—高等教育—教材 Ⅳ.①TH16

中国版本图书馆 CIP 数据核字(2016)第 325235 号

**选题策划** 雷 霞
**责任编辑** 叶 津 薛 力
**封面设计** 博鑫设计

| | |
|---|---|
| 出版发行 | 哈尔滨工程大学出版社 |
| 社　　址 | 哈尔滨市南岗区东大直街 124 号 |
| 邮政编码 | 150001 |
| 发行电话 | 0451-82519328 |
| 传　　真 | 0451-82519699 |
| 经　　销 | 新华书店 |
| 印　　刷 | 肇东市一兴印刷有限公司 |
| 开　　本 | 787mm×1 092mm 1/16 |
| 印　　张 | 15.5 |
| 字　　数 | 400 千字 |
| 版　　次 | 2017 年 1 月第 1 版 |
| 印　　次 | 2017 年 1 月第 1 次印刷 |
| 定　　价 | 39.80 元 |

http://www.hrbeupress.com
E-mail:heupress@hrbeu.edu.cn

# 前　言

随着现代科学技术的发展,机械制造实训在机械制造领域迅速发展。为了满足高职院校和企业培养机械设计与制造专业人才的需求,使学生获得"工作过程知识",必须更新教育观念,重组课程体系,改革教学模式。

《机械制造实训指导》课程是机械设计与制造专业的核心实训内容之一。课程以实践加工为依托,教材编写和教学实施注重学生"理实一体化"的岗位训练,完善质量考核与评价办法,增强学生质量、责任和效率意识,有效地提升学生职业素养与机械制造加工的能力。

教材以企业岗位需求和国家职业标准为主要依据,在借鉴国内的先进资料和经验的基础上,邀请具有丰富经验的企业一线技术人员和行业专家参与本教材的编写,使教材内容密切联系企业的生产实际。教材内容主要是针对车工、机械制造工艺编制等职业岗位或岗位群而编写,选择了机械加工基础知识、车床加工训练、铣床加工训练、磨床加工训练,及机械制造车工理论训练5个项目作为教学载体,基于工作过程进行了教学内容的组织与安排,充分体现了教材内容的实用性、针对性、及时性和新颖性。本教材努力体现以下编写特色:

1. 采用基于工作过程的教学思路。本教材每个项目都符合实际操作、质量检测和考核评价的教学实施过程。

2. 理论知识与实践技能相结合。注重专业技能的系统性和教学实施的可操作性。

3. 实施教学改革。在教材编写上参考了中级车工国家职业资格标准,该课程学完之后学生可考取相应职业资格证书,实现岗位职业标准、技能鉴定与教学内容的有机融合。

4. 所选项目典型、难度适中。本教材所选项目涉及的理论知识和操作技能不仅全面,而且具有一定的深度,相对独立又相互关联。训练学生运用已学知识在一定范围内学习新知识的技能,提高解决实际问题的能力。

5. 在培养专业能力的同时,培养学生吃苦耐劳的品质,增强责任和效率意识,有效地提升学生的职业素养和团结协作能力。

本教材适合高等职业教育机电类专业中从事机械制造、模具制造、机电设备维护维修的学生使用,也可作为机械设计制造及自动化专业技术人员的参考教材。

本教材由渤海船舶职业学院杜世法(实验师)、郝春玲(副教授)主编,陆显峰(讲师)任副主编,并对内容进行编写。其中,项目二、项目三由杜世法老师编写,项目一、项目四由郝春玲老师编写,项目五由陆显峰老师编写。郎丽香老师负责全书的审核。

尽管笔者在《机械制造实训指导》教材建设方面做了许多努力，但由于作者水平有限，机械制造技术发展迅速，教材中难免存在疏漏之处，恳请各相关高职教学单位和读者在使用本教材的过程中给予关注，提出宝贵意见（邮箱 happyhaoling@126.com），在此深表感谢！

编　者<br>2016年12月

# 目 录

**项目1　机械加工基础知识** ·············································································· 1
　任务1　机械加工普通机床基本结构的认知 ······················································· 1
　任务2　机械制造常用工具的使用 ···································································· 7
　任务3　机械制造常用量具的使用 ··································································· 12
　任务4　机械制造常用刃具的刃磨 ··································································· 33
　任务5　机械制造常用材料及热处理的认知 ······················································ 48

**项目2　车床加工训练** ···················································································· 63
　任务1　CA6140车床基本操作 ······································································· 63
　任务2　外圆类零件的加工 ············································································ 73
　任务3　内孔类零件的加工 ············································································ 79
　任务4　内孔类圆锥零件的加工 ······································································ 91
　任务5　偏心零件的加工 ············································································· 101
　任务6　配合零件的加工 ············································································· 109

**项目3　铣床加工训练** ·················································································· 119
　任务1　铣床的基本操作 ············································································· 119
　任务2　平面加工 ······················································································· 126
　任务3　沟槽加工基本操作 ·········································································· 140
　任务4　等分零件加工基本操作 ···································································· 148

**项目4　磨床加工训练** ·················································································· 151
　任务1　磨床的基本操作 ············································································· 151
　任务2　磨床的基本操作 ············································································· 159
　任务3　平面磨削 ······················································································· 170

**项目5　机械制造车工理论训练** ····································································· 177
　习题1　······································································································ 177
　习题2　······································································································ 185
　习题3　······································································································ 194
　习题4　······································································································ 202
　习题5　······································································································ 209
　习题6　······································································································ 216
　习题7　······································································································ 224
　习题8　······································································································ 233

**参考文献** ···································································································· 242

# 项目1　机械加工基础知识

## 任务1　机械加工普通机床基本结构的认知

【实习任务单】

| 学习任务 | 机械加工普通机床基本结构的认知 |
|---|---|
| 学习目标 | 1. 知识目标<br>　　(1)掌握车床、铣床、磨床等设备的结构、使用规范和操作规程；<br>　　(2)掌握车床、铣床、磨床等设备的基本操作及各个开关和手柄的功能。<br>2. 能力目标<br>　　能够根据加工需要正确选择加工机床。<br>3. 素质目标<br>　　(1)培养学生在机床操作过程中具有安全操作和文明生产意识；<br>　　(2)培养学生在整个机床操作过程中的团队协作意识和吃苦耐劳精神 |

一、任务描述

　　通过入场安全教育使进入实训车间的学生具有高度的安全意识，掌握 CA6140 车床安全操作规程，能够根据加工需要正确选择机床。

二、任务实施

　　1. 学生分组，每小组 3~5 人；

　　2. 安全教育 2 学时，车间现场设备讲解 2 学时；

　　3. 检查：以提问的形式了解学生对安全知识的掌握和重视情况；根据图纸或实物了解学生对设备加工的掌握情况；

　　4. 总结。

三、相关资源

　　1. 教材；

　　2. 安全教育课件；

　　3. 实训车间机床。

四、教学要求

　　1. 认真进行课前预习，充分利用教学资源；

　　2. 团队之间相互学习，相互借鉴，提高学习效率。

## 【任务实施】

本任务主要介绍机床的基本结构。

车床种类很多,按其结构的不同,主要可分为卧式车床、立式车床、转塔车床、多刀半自动车床、仿形车床及仿形半自动车床、单轴半自动车床、多轴自动车床及多轴半自动车床等。

### 一、CA6140 车床

普通车床 CA6140 外形图如图 1-1 所示。

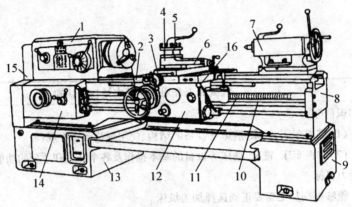

图 1-1  CA6140 型卧式车床外形

1—主轴箱;2—床鞍;3—中滑板;4—回转盘;5—刀架;6—小滑板;
7—尾座;8—床身;9,13—床腿;10—光杠;11—丝杠;12—溜板箱;14—进给箱

### 二、X5132 铣床

X5132 铣床外形图如图 1-2 所示。

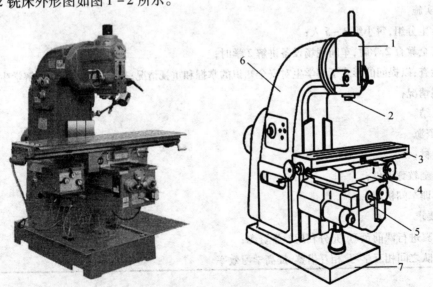

图 1-2  龙门铣床

1—立铣头;2—主轴;3—工作台;4—床鞍;5—升降台;6—床身;7—底座

## 三、磨床

M1432A 型磨床如图 1-3 所示。

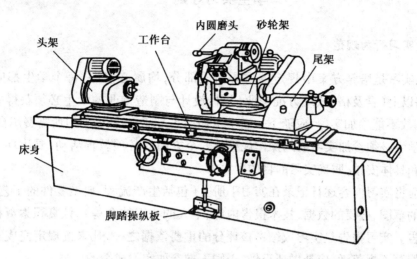

图 1-3　M1432A 型万能外圆磨床外形图

## 四、台式钻床

台式钻床外形图如图 1-4 所示。

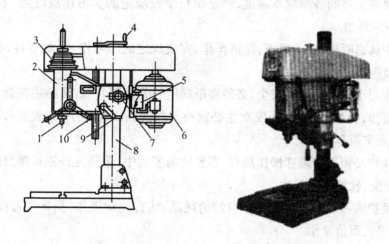

图 1-4　台式钻床

1—主轴；2—机头；3—带轮；4—摇把；5—接线盒；6—电动机；
7—螺钉；8—立柱；9—锁紧手柄；10—进给手柄

## 五、其他机械加工设备

其他机械加工设备包括刨床、插床、齿轮机床、立式车床、工具磨床、平面磨床、内孔磨床、无心磨床、镗床、电加工机床、数控车床、数控铣床、加工中心、立式钻床、摇臂钻床等。

## 【相关知识】

## 学生实习守则

### 一、学生实习行为规范

1. 实训、实习是培养方案中规定的重要组成部分,均属必修课,每个学生都应认真参加,获得及格以上(含及格)成绩方准毕业(机械设计与制造专业的学生必须获得中级工以上证书)。因故不能参加实习,应随下一届学生补加实习环节,补做实习所需费用自理。

2. 每个学生必须参加实习前的操作规程及安全方面的各项教育活动,要认真学习并了解实习计划和具体安排,明确实习的目的和要求。

3. 学生应将实习内容逐日记录在实习手册上(包括生产流程、典型零件的工艺过程、重要仪器设备的草图、必要的数据、技术报告内容、本人的心得体会等),认真积累资料并写出实习实训报告。实习报告是实习成绩考核评分的重要依据之一,凡未按规定完成实习报告或实习报告撰写不规范者,应补做或重做,否则不准参加实习成绩的考核。

4. 要刻苦学习专业知识和技能,尊重指导教师的劳动成果,主动接受指导教师、专业技术人员的指导,虚心求教,做到"三勤"(口勤、手勤、腿勤),随时总结,提高实习成绩和实习效果,努力掌握专业操作技术。

5. 严格遵守学校的各项规章制度和实习环节的有关规定,服从安排。

(1)严格遵守实习的各项规章制度,严格执行学校规定的实习作息时间,不准迟到、早退,不准请假中途外出。

(2)实习中认真听讲,善于思考,谨慎操作,完成规定的实习作业(如零件加工等)和课后作业(实习报告)。

(3)进入实习车间必须注意安全,必须穿戴规定的劳保用具,着装必须符合生产实习着装规范:系全纽扣,扎好袖口,长头发女生必须将头发挽到工作帽中,穿戴实习服。不符合要求者不得进入实训车间。

(4)上岗操作必须严格遵守操作规程,思想要高度集中,未经允许不得擅自启动机器设备,保证实习安全,杜绝事故发生。

(5)自觉爱护实习设施、设备,注意节约消耗品,如有违章操作、损坏实习设备的情况,根据情节及后果要照价赔偿。

(6)实习时不准聊天、看小说,绝不允许打闹和串岗,由此而引发事故的情况要追究责任。

(7)不准把校外人员或其他非实习人员带入实习场地,不准让外来人员动用实习设施、设备。

6. 正确使用和保养游标卡尺、千分尺、高度尺、量角器、百分表和坐标平板等精密量器具,注意轻拿轻放,防锈蚀、防损伤,保证测量精度。

7. 每天下班前,必须按"6S"管理要求收拾整理所用设备、工具和量具,保持车间整齐卫生。各工种实习结束均应进行设备工具的清点,由指导老师验收合格后方可离去。

**二、学生实习考勤制度**

1. 学生实习必须遵守实训基地上下班考勤制度,遵守实习纪律,不得迟到、早退或无故不参加实习。

2. 学生实习期间不准会客、不准请事假,如有特殊情况,必须经实习指导教师批准。

3. 学生请病假,必须持医生证明。

4. 学生请假批准手续和规定:一天内必须经指导教师批准;一天以上必须经班主任及系主任批准。请假必须由本人填写请假条,批准人签字,否则按旷课论处,缺课超过三分之一的学生不得参加考核,成绩为不及格。

5. 实习期间如遇全校性会议或体育比赛等活动,请假人须持相关证明并经系主任批准。

6. 实习指导教师负责学生的考勤,做好考勤记录,并作为考核学生实习成绩的依据之一。

**三、生产实习课的任务和教学特点**

1. 生产实习课的任务

生产实习课的任务是培养学生全面、牢固地掌握本工种的基本操作技能,会做本工种中级技术等级工件的工作,学会一定的先进工艺操作,能熟练地使用、调整本工种的主要设备,独立进行一级保养,正确使用工具、夹具、量具、刀具,具有安全生产知识和文明生产习惯,养成良好的职业道德。在生产实习教学过程中要注意培养学生的技能,还应该逐步创造条件,争取完成一至两个相近工种的基本操作技能训练。

2. 生产实习课的教学特点

生产实习课教学主要是培养学生掌握操作的全面技能、技巧,与文化理论课教学相比具有如下特点:

(1)在教师指导下,经过示范、观察、模仿、反复练习,使学生获得基本操作技能。

(2)要求学生经常分析自己的操作动作和生产实习的综合效果,善于总结经验,改进操作方法。

(3)通过综合课题,能较好地练出真本领,提高自己的实践操作水平。

(4)通过科学化、系统化和规范化的基本训练,让学生进行全面的基本功练习。

(5)生产实习教学是结合生产实际进行的。所以,在整个生产实习教学过程中,都要教育学生树立安全操作和文明生产的意识。

## 项目考核评价表

| 记录表编号 | | 操作时间 | 25 min | 姓名 | | 总分 | | |
|---|---|---|---|---|---|---|---|---|
| 考核项目 | 考核内容 | 要求 | 分值 | 评分标准 | | | 互评 | 自评 |
| 主要项目<br>（80分） | 安全文明操作 | 安全控制 | 15 | 违反安全文明操作规程扣15分 | | | | |
| | 操作规程 | 理论实践 | 15 | 操作是否规范，适当扣5~10分 | | | | |
| | 拆卸顺序 | 正确 | 15 | 关键部位一处扣5分 | | | | |
| | 操作能力 | 强 | 15 | 动手行为主动性，适当扣5~10分 | | | | |
| | 工作原理理解 | 表达清晰 | 10 | 基本点是否表述清楚，适当扣5~10分 | | | | |
| | 清洗方法 | 正确 | 5 | 清洗是否干净，适当扣0~5分 | | | | |
| | 安装质量 | 高 | 5 | 多1件、少1件扣5分 | | | | |

## 项目报告单

| 项目 | | | | |
|---|---|---|---|---|
| 班级 | | 第_____组 | 组员 | |
| 使用工具 | | | | 说明 |
| 项目内容 | | | | |
| 项目步骤 | | | | |
| 项目结论<br>（心得） | | | | |
| 小组互评 | | | | |

## 任务 2　机械制造常用工具的使用

### 【实习任务单】

| 学习任务 | 机械制造常用工具的认知 |
|---|---|
| 学习目标 | 1. 知识目标<br>　（1）掌握常用工具的使用规范与操作规程；<br>　（2）掌握工具的功能。<br>2. 能力目标<br>　能够根据加工需要正确选择工具。<br>3. 素质目标<br>　（1）培养学生掌握机械制造常用工具的使用方法；<br>　（2）培养学生在整个实训过程中的团队协作意识和吃苦耐劳精神，培养学生的职业素养 |
| 一、任务描述<br>　　通过入场安全教育使进入实训车间的学生具有高度的安全意识，掌握机械制造常用工具的使用方法。<br>二、任务实施<br>　　1. 学生分组，每小组 3~5 人；<br>　　2. 安全教育 2 学时，车间现场设备讲解 2 学时；<br>　　3. 检查：以提问的形式了解学生对安全知识的掌握和重视情况；根据图纸或实物了解学生对机械制造常用工具使用的掌握情况；<br>　　4. 总结。<br>三、相关资源<br>　　1. 教材；<br>　　2. 安全教育课件；<br>　　3. 实训车间机床。<br>四、教学要求<br>　　1. 认真进行课前预习，充分利用教学资源；<br>　　2. 团队之间相互学习、相互借鉴，提高学习效率 | |

### 【任务实施】

拆卸及装配工具如表 1-1 所示。

表 1-1  拆卸及装配工具

| 名称 | 图 | 说明 |
|---|---|---|
| 单头钩形扳手 | 固定式　　　调节式 | 分为固定式和调节式,可用于扳动在圆周方向上开有直槽或孔的圆螺母。 |
| 梅花扳手 | | |
| 活扳手 | | |
| 套筒扳手 | | |
| 卡盘扳手 | | 三爪卡盘用 |
| 刀架扳手 | | 车床刀架用 |
| 力矩扳手 | 电子式　　　机械式 | 又称为扭矩扳手、扭力扳手、限力扳手 |
| 开口扳手 | | |

表 1-1(续)

| 名称 | 图 | 说明 |
|---|---|---|
| 内六角扳手 | | |
| 卡簧钳子 | | 分为轴用弹性挡圈装拆用钳子和孔用弹性挡圈装拆用钳子。 |
| 克丝钳 | | |
| 尖嘴钳 | | |
| 剥线钳 | | |
| 拔销器 | | 拉带内螺纹的小轴、圆锥销工具 |

表 1-1(续)

| 名称 | 图 | 说明 |
|---|---|---|
| 拉卸工具（拉马） | | 拆装在轴上的滚动轴承、皮带轮式联轴器等零件时，常用拉卸工具。拉卸工具常分为螺杆式及液压式两类，螺杆式拉卸工具分两爪、三爪和铰链式三种。 |
| 螺丝刀 | | 通常分"一字"和"十字"两种 |
| 常用画线工具 | 画规　画针盘　游标高度尺　中心冲　千斤顶直角尺　V形铁 | |
| 画针 | | |
| 画线方箱 | | |

表 1-1(续)

| 名称 | 图 | 说明 |
|---|---|---|
| 扁铲 | | |
| 撬棍 | | |

## 【相关知识】

### 项目考核评价表

| 记录表编号 | | 操作时间 | 25 min | 姓名 | | 总分 | | |
|---|---|---|---|---|---|---|---|---|
| 考核项目 | 考核内容 | 要求 | 分值 | 评分标准 | | | 互评 | 自评 |
| 主要项目<br>(80分) | 安全文明操作 | 安全控制 | 15 | 违反安全文明操作规程扣15分 | | | | |
| | 操作规程 | 理论实践 | 15 | 操作是否规范,适当扣5~10分 | | | | |
| | 拆卸顺序 | 正确 | 15 | 关键部位一处,扣5分 | | | | |
| | 操作能力 | 强 | 15 | 动手行为主动性,适当扣5~10分 | | | | |
| | 工作原理理解 | 表达清楚 | 10 | 基本点是否表述清楚,适当扣5~10分 | | | | |
| | 清洗方法 | 正确 | 5 | 清洗是否干净,适当扣0~5分 | | | | |
| | 安装质量 | 高 | 5 | 多1件、少1件扣5分 | | | | |

### 项目报告单

| 项目 | | | | |
|---|---|---|---|---|
| 班级 | | 第_____组 | 组员 | |
| 使用工具 | | | | 说明 |
| 项目内容 | | | | |
| 项目步骤 | | | | |

| | |
|---|---|
| 项目结论（心得） | |
| 小组互评 | |

# 任务3  机械制造常用量具的使用

## 【学习任务单】

| 学习任务 | 机械制造常用量具的认知 |
|---|---|
| 学习目标 | 1. 知识目标<br>　（1）掌握机械制造常用量具的使用规范与操作规程；<br>　（2）掌握机械制造常用量具的基本操作及各机械制造常用量具的功能。<br>2. 能力目标<br>　根据加工需要正确选择机械制造常用量具。<br>3. 素质目标<br>　（1）培养学生掌握机械制造常用量具的使用方法；<br>　（2）培养学生在整个机床操作过程中的团队协作意识和吃苦耐劳精神，培养学生的职业素养 |
| 一、任务描述<br>　　通过入场安全教育使进入实训车间的学生具有高度的安全意识，掌握机械制造常用量具的使用方法。<br>　　掌握安全操作规程，能够根据加工需要正确选择机械制造常用量具。<br>二、任务实施<br>　　1. 学生分组，每小组3~5人；<br>　　2. 安全教育2学时，车间现场设备讲解2学时；<br>　　3. 检查：以提问的形式了解学生对安全知识的掌握和重视情况；根据图纸或实物了解学生对机械制造常用量具使用的掌握情况；<br>　　4. 总结。<br>三、相关资源<br>　　1. 教材；<br>　　2. 安全教育课件；<br>　　3. 实训车间机床。<br>四、教学要求<br>　　1. 认真进行课前预习，充分利用教学资源；<br>　　2. 团队之间相互学习、相互借鉴，提高学习效率 | |

## 【任务实施】

### 一、钢直尺(钢尺)

钢直尺是最简单的长度量具,它的长度有 150 mm,300 mm,500 mm,1 000 mm 和 2 000 mm 5 种规格。图 1-5 是常用的 150 mm 钢直尺。

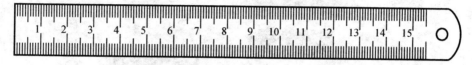

图 1-5  150 mm 钢直尺

钢直尺用于测量零件的长度尺寸,如图 1-6 所示,它的测量结果不太准确。这是由于钢直尺的刻线间距为 1 mm,而刻线本身的宽度就有 0.1~0.2 mm,所以测量时读数误差比较大,只能读出毫米数,即它的最小读数值为 1 mm,比 1 mm 小的数值,只能估计而得。

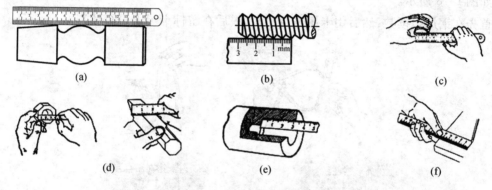

图 1-6  钢直尺的使用方法

(a)量长度;(b)量螺距;(c)量宽度;(d)量内孔;(e)量深度;(f)画线

注意:如果用钢直尺直接去测量零件的直径尺寸(轴径或孔径),则测量精度更差。其原因是除了钢直尺本身的读数误差比较大以外,还由于钢直尺无法正好放在零件直径的正确位置上。

### 二、卡钳

卡钳是最简单的比较量具。它们本身都不能直接读出测量结果,而是把测量的长度尺寸在钢直尺上进行读数的一种测量工具。

1. 卡钳的类型

共有两种,分别是内卡钳和外卡钳。内卡钳和外卡钳测量示意图如图 1-7 所示。

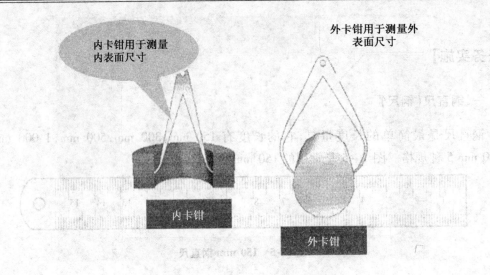

图1-7 内卡钳和外卡钳测量示意图

2. 卡钳的测量方法

如图1-8所示。

首先在钢尺上读数,然后用卡钳进行测量,最后在游标卡尺上进行读数。

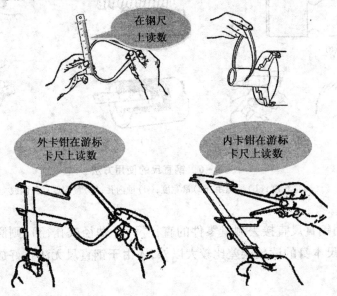

图1-8 测量方法

卡钳的适用范围是要求不高的零件尺寸的测量和检验,如毛坯尺寸的测量。

三、游标卡尺

1. 游标卡尺结构

如图1-9所示。

游标卡尺是一种常用的精确测量工具,具有结构简单、使用方便、测量范围大等特点。

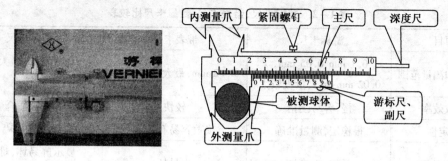

图1-9 游标卡尺结构图

2. 游标卡尺类型

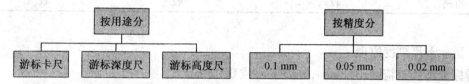

为了读数方便,有的游标卡尺上装有测微表头,如图1-10所示。

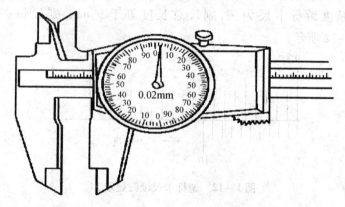

图1-10 带表游标卡尺

电子数显卡尺具有非接触性电容式测量系统,由液晶显示器显示,电子数显卡尺测量方便,如图1-11所示。

游标卡尺、带表卡尺、数显卡尺的比较详见表1-2。

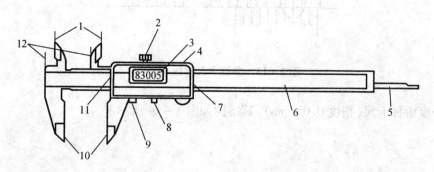

图1-11 电子数显卡尺

表1-2 游标卡尺、带表卡尺、数显卡尺比较表

| 项目 | 游标卡尺 | 带表卡尺 | 数显卡尺 |
| --- | --- | --- | --- |
| 精确度和测量范围 | 0.1 mm,0.05 mm,0.02 mm;最大量程较大 | 0.02 mm;最大量程较小 | 0.01 mm;最大量程较小 |
| 读数效率 | 慢,容易读错 | 较快 | 快,直观,适合新手 |
| 稳定性 | 很稳定,测量准确 | 读数容易有偏差 | 容易失灵 |
| 维修保养 | 易修,不易坏 | 表易坏 | 显示屏易坏,难修,需定期更换电池 |
| 使用环境 | 环境要求不高 | 无尘 | 无油、无水、无尘 |
| 价格 | 较低 | 一般 | 较高 |

### 3. 游标卡尺刻度原理

游标卡尺测量精度:0.1 mm,0.05 mm 或 0.02 mm。

游标卡尺测量范围:0~125 mm,0~150 mm,0~600 mm。

以 0.1 mm 精度游标卡尺为例,副尺总长度等于 9 mm,副尺每一小格长度等于 9/10 mm,如图 1-12 所示。

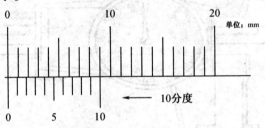

图 1-12 游标卡尺读数显示 1

主尺和副尺的刻度每格相差 1-0.9 = 0.1 mm,副尺每一刻度代表的长度为 0.1 mm,如图 1-13 所示。

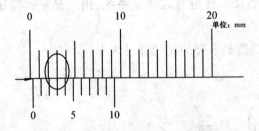

图 1-13 游标卡尺读数显示 2

20 分度游标卡尺(精度 0.05 mm),其结构如图 1-14 所示。

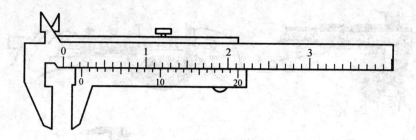

图 1-14　20 分度游标卡尺

50 分度游标卡尺(精度 0.02 mm),其结构如图 1-15 所示。

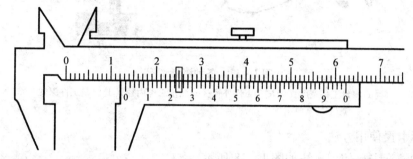

图 1-15　50 分度游标卡尺

4. 游标卡尺读数

(1) 找精度(0.1 mm,0.05 mm,0.02 mm)

(2) 完整读数:主尺读数 + 副尺读数

读数公式

$$L = X + n \times 精度$$

式中　$L$——测量长度;

　　　$X$——主尺上的整毫米数(主尺读数);

　　　$n$——游标上第几刻线对齐。

游标卡尺的结构如图 1-16 所示。游标卡尺一般可以测量外径、内径、深度。各种测量情况的使用如图 1-17 所示。

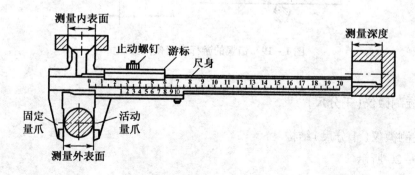

图 1-16　游标卡尺结构

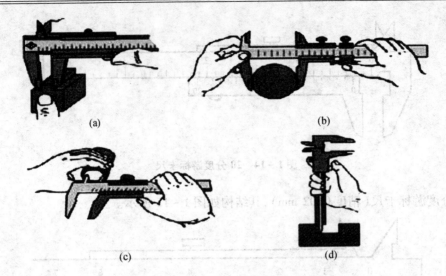

**图1-17 各种测量情况**

(a)测量工件宽度;(b)测量工件外径;(c)测量工件内径;(d)测量工件深度

5. 游标卡尺使用方法

正确的游标卡尺使用方法如图1-18所示。

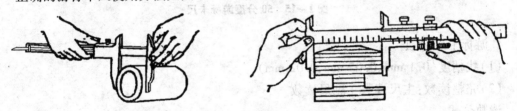

**图1-18 正确的游标卡尺使用方法**

错误的游标卡尺使用方法如图1-19所示。

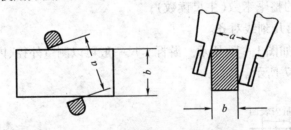

**图1-19 错误的游标卡尺使用方法**

四、螺旋测微仪(千分尺)

1. 螺旋测微仪(千分尺)结构

如图1-20所示。

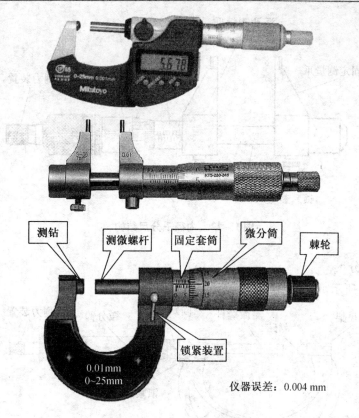

图 1-20 螺旋测微仪结构

2. 螺旋测微仪(千分尺)类型

(1) 外径千分尺

如图 1-21 所示。

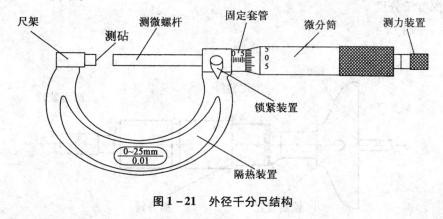

图 1-21 外径千分尺结构

(2) 内径千分尺

如图 1-22 所示。

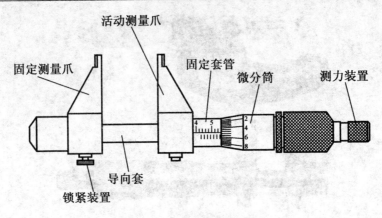

图 1-22 内径千分尺结构

(3) 尖头千分尺

如图 1-23 所示。

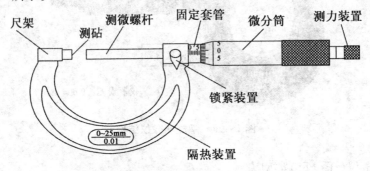

图 1-23 尖头千分尺结构

(4) 深度千分尺

如图 1-24 所示。

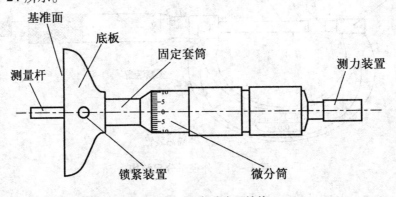

图 1-24 深度千分尺结构

3. 螺旋测微仪(千分尺)刻线原理

如图 1-25 所示。

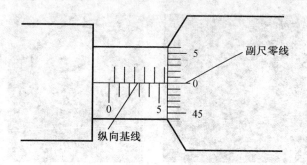

图1-25 千分尺刻线原理

千分尺测微螺杆上螺纹的螺距为0.5 mm;当微分筒转一周时,螺杆移动0.5 mm;微分筒转1/50周(一格)时,螺杆移动0.01 mm。千分尺读数方法如图1-26所示。

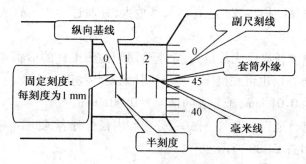

图1-26 千分尺读数方法

完整读数 = 主尺读数 + 半刻度 + 副尺读数(格数×0.01 mm) + 估读值

4. 螺旋测微仪(千分尺)使用方法

(1)使用前应先校对零点。

(2)手持U形曲柄,将测砧靠在测量工件上,再转动微分筒靠近工件。

(3)当测量螺杆快要接近工件时,必须改为拧棘轮,听到"嘎嘎"声时表示压力合适,停止拧动。

(4)锁紧,读数。

5. 螺旋测微仪(千分尺)使用注意事项

(1)不允许测量工件的未加工表面。

(2)如测量工件表面有污渍,需先清洁测量点。

(3)拧动棘轮时避免动作过快,以免造成压力过大测量不准。

(4)严禁直接通过拧活动套筒卡紧工件读数,这样往往会压力过大,不仅测量不准,还会对精密螺纹造成损坏。

### 五、百分表和千分表

1. 百分表和千分表结构

百分表和千分表结构如图1-27所示。

图1-27　百分表和千分表

(a)指针式百分表；(b)指针式千分表

百分表是利用机械结构将被测工件的尺寸放大，并通过读数装置表示出来的一种测量工具。

百分表是一种精度较高的比较量具，它主要用于检测工件的形状和位置误差(如圆度、平面度、垂直度、跳动等)，也可在机床上用于工件的安装找正。

百分表的精度为0.01 mm，千分表的精度为0.001 mm。

百分表的类型有普通百分表、杠杆式百分表和内径百分表，如图1-28所示。

百分表的结构如图1-29所示。

2. 百分表和千分表的读数

百分表的读数如图1-30所示。

带有测头的测量杆，对刻度圆盘进行平行直线运动，并把直线运动转变为回转运动传送到长针上，此长针会把测杆的运动量显示到圆形表盘上。

长针的一回转等于测杆的1 mm，长指针可以读到0.01 mm。刻度盘上的转数指针，以长针的一回旋(1 mm)为一个刻度。

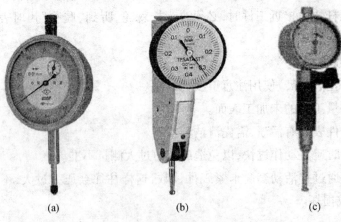

图1-28　百分表

(a)普通百分表；(b)杠杆式百分表；(c)内径百分表

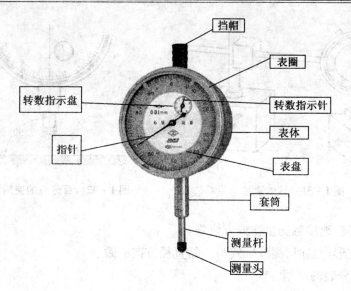

图1-29 百分表的结构

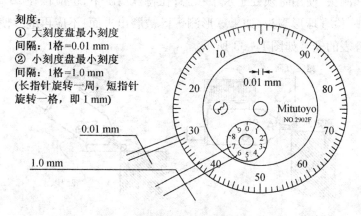

图1-30 百分表的读数

具体读数方式如图1-31所示。

盘式指示器的指针随量轴的移动而改变,因此测定只需读指针所指的刻度,图1-31为测量段的高度例图,首先将测头端子接触到下段,把指针调到"0"位置,然后把测头调到上段,读指针所指示的刻度即可。

一个刻度是0.01 mm,若长针指到10,台阶高差为0.1 mm。

若是4 mm或5 mm,长针不断地回转时,最好看短针所指的刻度,然后加上长指针所指的刻度。

3.百分表的使用方法

(1)百分表的使用方法

如图1-32所示。

①测量面和测杆要垂直。

②使用规定的支架。

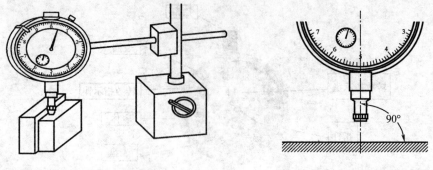

图 1-31　具体读数　　　　　图 1-32　百分表的使用方法

③测头要轻轻地接触测量物或方块规。

④测量圆柱形产品时,测杆轴线与产品直径方向一致。

(2)杠杆百分表的使用方法

①杠杆百分表的分度值为 0.01 mm,测量范围不大于 1 mm。

②测量面和测头,使用时须处于水平状态;在特殊情况下,也应该在 25°以下。

③使用前,应检查球形测头,如果球形测头已被磨出平面,不应再继续使用。

杠杆式百分表的安装如图 1-33 所示。

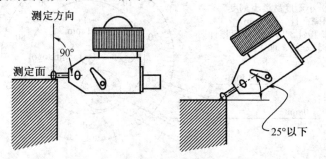

图 1-33　杠杆式百分表的安装

## 六、角度尺

角度尺有数显角度尺和万能角度尺,如图 1-34 所示。

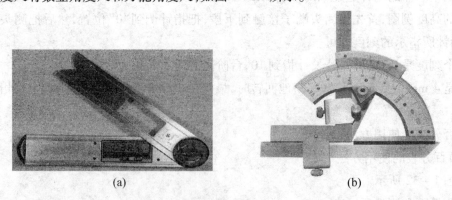

图 1-34　角度尺
(a)数显角度尺;(b)万能角度尺

万能角度尺又被称为角度规、游标角度尺或万能量角器,它是利用游标读数原理来直接测量工件角或进行画线的一种角度量具,适用于机械加工中的内、外角度测量,可测 0°~320°外角及 40°~130°内角。

**例 1-1** 如图 1-35 所示,这个读数是多少?

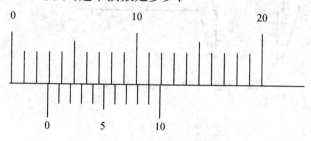

图 1-35 游标卡尺读数 1

读:

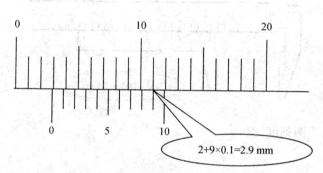

**例 1-2** 图 1-36 的读数是多少?

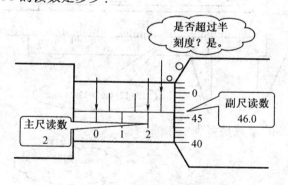

图 1-36 游标卡尺读数 2

读数 $L$ = 主尺读数 + 半刻度 + 副尺

$L = 2 + 0.5 + 0.460 = 2.960$ mm

**例 1-3** 如图 1-37 所示,这个读数是多少?

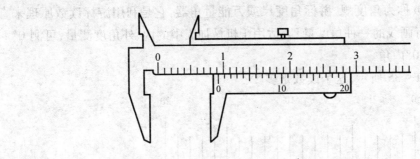

图 1-37 游标卡尺读数 3

读:

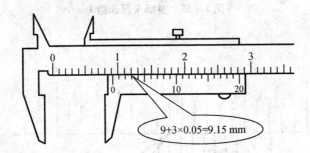

例 1-4 读出下图刻度读数。

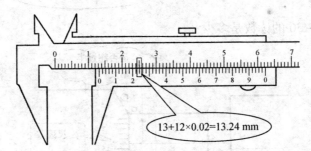

例 1-5 图 1-38 的读数是多少?

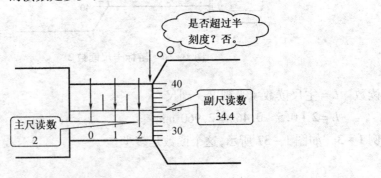

图 1-38 游标卡尺读数 4

读数　L = 主尺读数 + 半刻度 + 副尺读数

　　　L = 2 + 0.0 + 0.344 = 2.344 mm

**例 1-6**　图 1-39 的读数是多少？

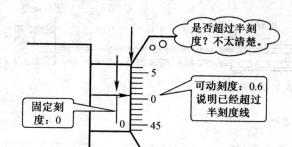

图 1-39　游标卡尺读数 5

读数　L = 主尺读数 + 半刻度 + 副尺读数

　　　L = 0 + 0.5 + 0.006 = 0.506 mm

**例 1-7**　图 1-40 的读数是多少？

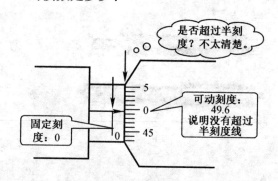

图 1-40　游标卡尺读数 6

读数　L = 主尺读数 + 半刻度 + 副尺读数

　　　L = 0 + 0 + 0.496 = 0.496 mm

【相关知识】

机械制造常用量具如表 1-3 所示。

表1-3 机械制造常用量具

| 名称 | 图 | 说明 |
|---|---|---|
| 游标卡尺 | | |
| 齿厚卡尺 | | 主要用于测量模数制齿轮、蜗轮、蜗杆的玄齿厚 |
| 内径千分尺 | | |
| 内径量表 | | 内径百分表是用对比法测量孔径,因此使用时应先根据被测量工件的内孔直径,用千分尺将内径表对准"零"位后方可进行测量 |
| 外径千分尺 | | |

表1-3(续)

| 名称 | 图 | 说明 |
|---|---|---|
| 螺纹千分尺 | | 螺纹千分尺附有两套(牙形角为60°)不同的测量头,以适应各种不同的三角形外螺纹中径的测量 |
| 齿厚千分尺 | | 主要用于测量齿轮公法线 |
| 百分表 | | 用于测量零件相互之间的平行度、轴线与导轨的平行度、导轨的直线度、工作台台面平面度,以及主轴的端面圆跳动、颈向圆跳动和轴向窜动 |
| 磁力表座 | | |
| 杠杆百分表 | | 用于受空间限制的工件,如内孔跳动、键槽等,使用时应注意使测量运动方向与测头中心垂直,以免产生测量误差 |

表 1-3(续)

| 名称 | 图 | 说明 |
|---|---|---|
| 千分表及杠杆千分表 | 图略 | 其工作原理与百分表和杠杆百分表一样,只是分度值不同,常用于精密机床的修理中 |
| 比较仪 | 扭簧比较仪　杠杆齿轮比较仪 | 可分为扭簧比较仪与杠杆齿轮比较仪。尤其扭簧比较仪特别适用于精度要求较高的跳动量的测量 |
| 角尺 | (a)　(b) | |
| 螺纹塞规环规 | | |
| 塞尺 | | |

表1-3(续)

| 名称 | 图 | 说明 |
|---|---|---|
| 水平仪 | 数显水平仪　　框式水平仪<br>光学合像水平仪　　条式水平仪 | 水平仪是机床制造和修理中最常用的测量仪器之一,它用来测量导轨在垂直面内的直线度,工作台台面的平面度以及零件相互之间的垂直度、平行度等。水平仪按其工作原理可分为水准式水平仪和电子水平仪。水准式水平仪有条式水平仪、框式水平仪和合像水平仪三种结构形式 |
| 量块 | | |
| 粗糙的对比样块 | | |
| 转速表 | | 常用于测量伺服电机的转速,是检查伺服调速系统的重要依据之一,常用的转速表,有离心式转速表和数字式转速表等 |

表1-3(续)

| 名称 | 图 | 说明 |
|---|---|---|
| 万能角度尺 | | 万能角度尺由于直尺和90°角尺可以移动和拆换,因此可以测量从0°~320°的任何角度 |

项目考核评价表

| 记录表编号 | | 操作时间 | 25 | 姓名 | | 总分 | | |
|---|---|---|---|---|---|---|---|---|
| 考核项目 | 考核内容 | 要求 | 分值 | 评分标准 | | | 互评 | 自评 |
| 主要项目<br>(80分) | 安全文明操作 | 安全控制 | 15 | 违反安全文明操作规程扣15分 | | | | |
| | 操作规程 | 理论实践 | 15 | 操作是否规范,适当扣5~10分 | | | | |
| | 拆卸顺序 | 正确 | 15 | 关键部位一处扣5分 | | | | |
| | 操作能力 | 强 | 15 | 动手行为主动性,适当扣5~10分 | | | | |
| | 工作原理理解 | 表达清楚 | 10 | 基本点是否表述清楚,适当扣5~10分 | | | | |
| | 清洗方法 | 正确 | 5 | 清洗是否干净,适当扣0~5分 | | | | |
| | 安装质量 | 高 | 5 | 多1件、少1件扣5分 | | | | |

项目报告单

| 项目 | | | | |
|---|---|---|---|---|
| 班级 | | 第_____组 | 组员 | |
| 使用工具 | | | | 说明 |
| 项目内容 | | | | |
| 项目步骤 | | | | |

| 项目结论（心得） | |
|---|---|
| 小组互评 | |

## 任务4　机械制造常用刃具的刃磨

【实习任务单】

| 学习任务 | 机械制造常用刃具的认知 |
|---|---|
| 学习目标 | 1. 知识目标<br>　（1）掌握刀具的种类、材质；<br>　（2）掌握刀具的结构；<br>　（3）刀具刃磨。<br>2. 能力目标<br>　（1）能够根据加工需要正确选择所需加工刀具；<br>　（2）能够自行根据需要进行刀具的刃磨。<br>3. 素质目标<br>　（1）培养学生在机床操作过程中具有安全操作、文明生产意识；<br>　（2）培养学生在整个机床操作过程中的团队协作意识和吃苦耐劳精神 |

一、任务描述

　　通过入场安全教育使进入实训车间的学生具有高度的安全意识，掌握刀具的种类、材质，刀具的结构，刀具刃磨操作规程，能够根据加工需要正确选择刀具。

二、任务实施

　　1. 学生分组，每小组3~5人；

　　2. 安全教育2学时，车间现场设备讲解2学时；

　　3. 检查：以提问的形式了解学生对安全知识的掌握和重视情况；使学生掌握刀具的种类、材质，刀具的结构，刀具刃磨操作规程，能够根据加工需要正确选择刀具；

　　4. 总结。

三、相关资源

　　1. 教材；

　　2. 安全教育课件；

　　3. 实训车间机床。

四、教学要求

　　1. 认真进行课前预习，充分利用教学资源；

　　2. 团队之间相互学习、相互借鉴，提高学习效率

## 【任务实施】

切削过程中,车刀的前后面处于剧烈的摩擦和切削热的作用之中,使车刀的切削刃变钝而失去切削能力,必须通过刃磨来恢复切削刃口的锋利和正确的车刀几何角度。

### 一、车刀的刃磨

#### 1. 砂轮的种类

刃磨车刀的砂轮大多采用平形砂轮,按其磨料的不同,常用的砂轮有氧化铝砂轮和碳化硅砂轮两类。

氧化铝砂轮又称刚玉砂轮,多呈白色,其磨粒韧性好,比较锋利,硬度较低,自锐性好,适用于刃磨高速工具钢车刀和硬质合金车刀的刀体部分。

碳化硅砂轮多呈绿色,其磨粒的硬度高,刃口锋利但脆性大,适用于刃磨硬质合金车刀。

#### 2. 砂轮的选择

(1) 高速钢车刀及硬质合金车刀刀体的刃磨,采用白色氧化铝砂轮;硬质合金车刀的刃磨采用绿色碳化硅砂轮。

(2) 粗磨车刀时采用基本粒尺寸大的粗粒度砂轮;精磨车刀时采用基本粒尺寸小的细粒度砂轮。

#### 3. 砂轮机

砂轮机是用来刃磨各种刀具、工具的常用设备,由电动机、砂轮机座、托架和防护罩等部分组成,如图 1-41 所示。

砂轮机启动后,应在砂轮旋转平稳后再进行磨削,若砂轮跳动明显,应及时停机检修。平形砂轮一般用砂轮刀在砂轮上来回修整,如图 1-42 所示。

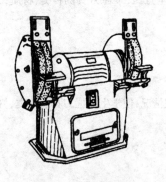

图 1-41 砂轮机

图 1-42 用砂轮刀修正砂轮

### 二、刃磨过程

#### 1. 刃磨的姿势和方法

刃磨车刀时,操作者应站立在砂轮机的侧面,以防砂轮碎裂时,碎片飞出伤人。握车刀的两手距离应分开,两肘应夹紧腰部,这样可以减小刃磨时的抖动。

刃磨时,车刀应放在砂轮的水平中心,刀尖略微上翘3°~8°,车刀接触砂轮后应做左右方向移动,车刀离开砂轮时,刀尖需向上抬起,以免磨好的刀刃被砂轮碰伤。

刃磨车刀时不能用力过大,以防打滑、伤手。

2.车刀刃磨的方法和步骤

现以90°硬质合金外圆车刀为例,介绍手工刃磨车刀的方法。

(1)先磨去车刀前面、后面上的焊渣,并将车刀底面磨平。可选用粒度号为24~36#的氧化铝砂轮。

(2)粗磨主后面和副后面的刀柄部分(以形成后隙角)。刃磨时,在略高于砂轮中心的水平位置处将车刀翘起一个比刀体上的后角大2°~3°的角度,以便再刃磨刀体上的主后角和副后角(图1-43)。可选用粒度号为24~36#、硬度为中软的氧化铝砂轮。

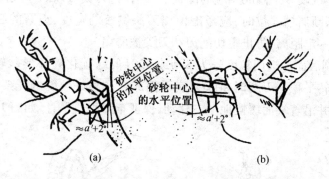

**图1-43 粗磨刀柄上的主后面、副后面(磨后隙角)**
(a)磨主后面上的后隙角;(b)磨副后面上的后隙角

(3)粗磨刀体上的主后面。磨主后面时,刀柄应与砂轮轴线保持平行,同时,刀底平面向砂轮方向倾斜一个比主后角大2°的角度。刃磨时,先把车刀已磨好的后隙面靠在砂轮的外圆上,以接近砂轮中心的水平位置为刃磨的起始位置,然后,使刃磨位置继续向砂轮靠近,并做左右缓慢移动。当砂轮磨至刀刃处即可结束,如图1-44(a)所示。这样可同时磨出 $K_r=90°$ 的主偏角和主后角。可选用磨粒号为36~60#的碳化硅砂轮。

(4)粗磨刀体上的副后角。磨副后面时,刀柄尾部应向右转过一个副偏角 $K_r'$ 的角度,同时,车刀底平面向砂轮方向倾斜一个比副后角大2°的角度,如图1-44(b)所示。具体刃磨方法与粗磨刀体上主后面大体相同。不同的是粗磨副后面时砂轮应磨到刀尖处为止。如此,也可同时磨出副偏角 $K_r'$ 和副后角 $\alpha'$。

(5)粗磨前面。以砂轮的端面粗磨出车刀的前面,并在磨前面的同时磨出前角 $\gamma$,如图1-45所示。

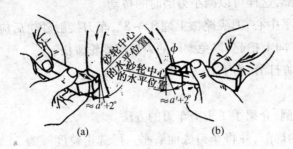
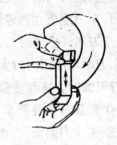

图1-44　粗磨后角、副后角
(a)粗磨后角；(b)粗磨副后角

图1-45　粗磨前面

(6)磨断屑槽。手工刃磨断屑槽一般为圆弧形。刃磨前,应先将砂轮圆柱面与端面的交点处用金刚石笔或硬砂条修成相应的圆板。刃磨时,刀尖可以向下或向上磨,如图1-46所示。但选择刃磨断屑槽部位时,应考虑留出刀头倒棱的宽度,刃磨的起点位置应该与刀尖、主切削刃离开一定距离,防止主切削刃和刀尖被磨塌。

(7)精磨主、副后面。选用粒度号为80#或120#的绿碳化硅环形砂轮。精磨前应先修整好砂轮,保证回转平稳。刃磨时将车刀底平面靠在调整好角度的托架上,并使切削刃轻轻靠住砂轮端面,并沿着端面缓慢地左右移动,保证车刀刃口平直,如图1-47所示。

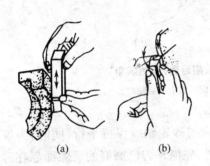
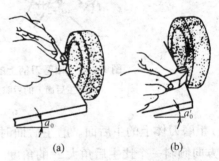

图1-46　刃磨断屑槽的方法图
(a)向下磨；(b)向上磨

图1-47　精磨主后面和副后面

(8)磨负倒棱。负倒棱如图1-48所示。刃磨有直磨法和横磨法两种方法,如图1-49所示。刃磨时用力要轻,要使主切削刃的后端向刀尖方向摆动。负倒棱倾斜角度为$-5°$,宽度$b=(0.4\sim0.8)f$,为了保证切削刃的质量,最好采用直磨法。

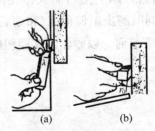

图1-48　负倒棱

图1-49　磨负倒棱
(a)直磨法；(b)横磨法

(9) 用油石研磨车刀。在砂轮上刃磨的车刀，切削刃不够平滑光洁，这不仅影响车削工件的表面质量，也会降低车刀的使用寿命，而硬质合金车刀则在切削中容易产生崩刃，因此，应用细油石研磨刀刃。研磨时，手持油石在刀刃上来回移动，动作应平稳，用力应均匀，如图1-50所示。研磨后的车刀应消除在砂轮上刃磨后的残留痕迹。

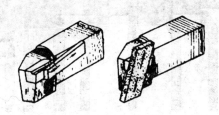

图1-50 用油石研磨车刀

### 三、刀具刃磨注意事项

1. 刃磨时必须戴防护镜，操作者应按要求站立在砂轮机侧面。
2. 新安装的砂轮必须经严格检查，在试转合格后才能使用。砂轮的磨削表面需经常修整。
3. 使用平形砂轮，应尽量避免在砂轮的端面上刃磨。
4. 刃磨硬质合金车刀时，不可把刀头部分放入水中冷却，以防刀片突然冷却而碎裂。刃磨高速钢车刀时，应随时用水冷却，以防车刀过热退火，降低硬度。
5. 车刀刃磨时不能用力过大，以防打滑、伤手。
6. 车刀高低必须控制在砂轮水平中心位置，刀头略向上翘，否则会出现后角过大或负后角等弊端。
7. 车刀刃磨时应做水平的左右移动，以免砂轮表面出现凹坑。
8. 刃磨结束后，应随手关闭砂轮机电源。

【相关知识】

### 一、主要加工位置

刀具加工零件的主要加工位置，如图1-51所示。

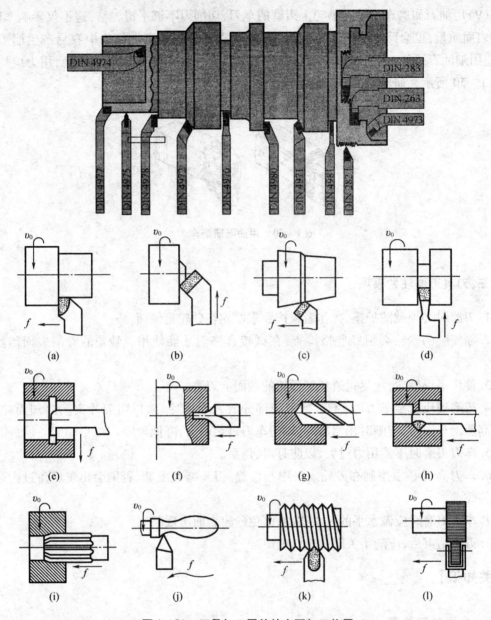

图1-51 刀具加工零件的主要加工位置

(a)车外圆;(b)车端面;(c)车锥面;(d)切槽、切断;(e)切内槽;(f)钻中心孔;(g)钻孔;
(h)镗孔;(i)铰孔;(j)车成形面;(k)车外螺纹;(l)滚花

## 二、刀具、刃具的种类

机械制造常用的刀具、刃具见表1-4至表1-6。

表 1-4 车床常用刀具

| 车刀种类 | 车刀外形面 | 用途 | 车削示意图 |
|---|---|---|---|
| 90°车刀(偏刀) | | 车削工件的外圆、台阶和端面 | |
| 75°车刀 | | 车削工件的外圆和端面 | |
| 45°车刀(弯头车刀) | | 车削工件的外圆、端面或进行45°倒角 | |
| 切断刀 | | 切断或在工件上车槽 | |
| 内孔车刀 | | 车削工件的内孔 | |
| 圆头车刀 | | 车削工件的圆弧面或成形面 | |
| 螺纹车刀 | | 车削螺纹 | |

表 1-4(续)

| 车刀种类 | 车刀外形面 | 用途 | 车削示意图 |
|---|---|---|---|
| 中心钻 | | 钻中心孔 | |
| 麻花钻 | | 钻孔 | |
| 扩孔钻 | | 扩孔 | |
| 铰刀 | | 铰孔 | |
| 钻夹头 | | 夹持直柄钻头、铰刀等 | |
| 变径套（钻裤） | | 模氏锥柄过渡套 | |
| 丝锥 | | 攻制内螺纹 | |

表 1-4(续)

| 车刀种类 | 车刀外形面 | 用途 | 车削示意图 |
| --- | --- | --- | --- |
| 丝锥绞杠 |  | 固定丝锥 | |
| 板牙 |  | 套外螺纹 | |
| 板牙架 |  | 固定板牙 | |
| 车床套、攻丝夹具 |  | | |
| 滚花刀 | 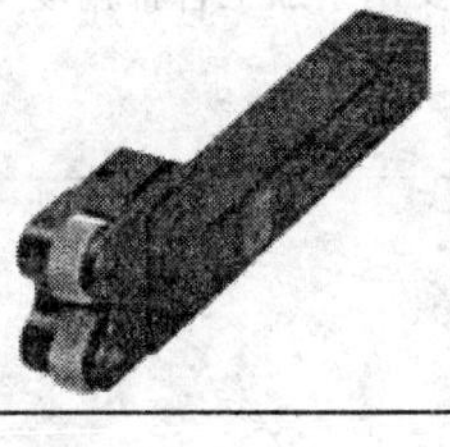 | | |

表 1-5 铣床常用刀具

| 车刀种类 | 车刀外形面 | 用途 |
| --- | --- | --- |
| 立铣刀(棒铣刀) | 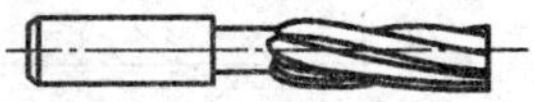 | 主要用于加工平面、阶梯面、扩孔及沟槽 |
| 键槽铣刀 |  | 主要用于加工键槽,也可以代替立铣刀加工平面、阶梯面、扩孔及沟槽 |

表 1–5（续）

| 车刀种类 | 车刀外形面 | 用途 |
| --- | --- | --- |
| 三面刃铣刀 | | 主要用于加工沟槽、月牙键槽等 |
| 锯片铣刀 | | 主要用于加工沟槽、锯切等 |
| 梯形槽铣刀 | | 主要用于加工"T"形槽等 |
| 燕尾槽铣刀 | | 主要用于加工燕尾槽等 |
| 角度铣刀 | | 主要用于加工各种角度V形槽等 |
| 端面铣刀 | 端铣刀 | 主要用于加工较大平面 |
| 圆柱铣刀 | | 主要用于加工较大平面 |

表 1-5（续）

| 车刀种类 | 车刀外形面 | 用途 |
|---|---|---|
| 凸凹 R 铣刀 |  凸半圆成形铣刀 　凹半圆成形铣刀 | 主要用于加工各种形状的 R 曲面 |
| 盘形齿轮铣刀 |  | 主要用于加工小模数齿轮 |
| 指状齿轮铣刀 | 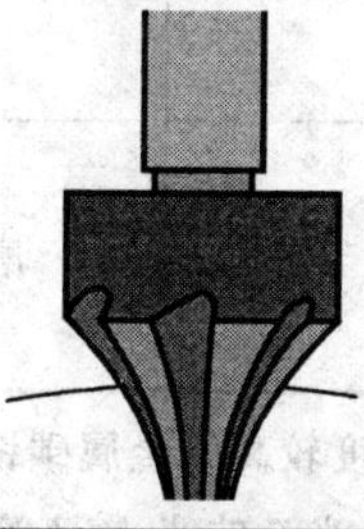 | 主要用于加工大模数齿轮 |
| 链轮铣刀 | 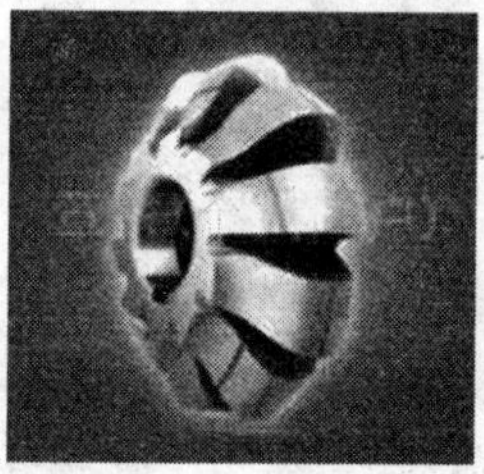 | 主要用于加工链轮 |

表 1-6 常见的砂轮形状、代号及用途

| 砂轮名称 | 代号 | 断面形状 | 主要用途 |
|---|---|---|---|
| 平行砂轮 | 1 | 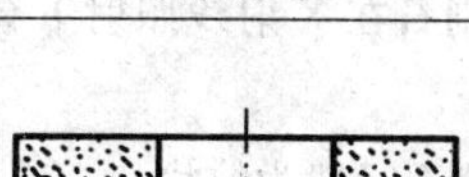 | 外圆磨、内圆磨、无心磨、工具磨 |
| 薄片砂轮 | 41 | 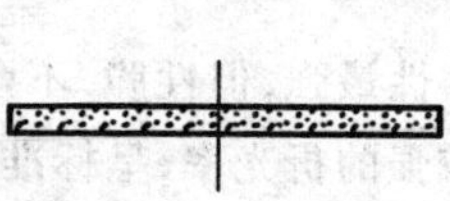 | 切断及切槽 |

表1-6(续)

| 砂轮名称 | 代号 | 断面形状 | 主要用途 |
|---|---|---|---|
| 筒形砂轮 | 2 | 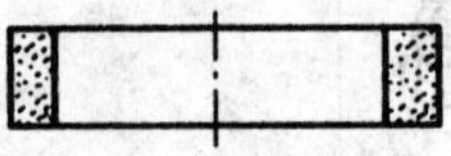 | 端磨平面 |
| 碗形砂轮 | 11 | 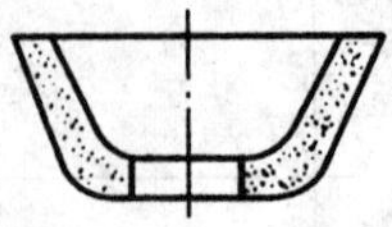 | 刃磨刀具,磨导轨 |
| 碟形1号砂轮 | 12a | 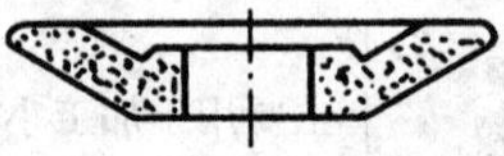 | 磨铣刀、铰刀、拉刀,磨齿轮 |
| 双斜边砂轮 | 4 | 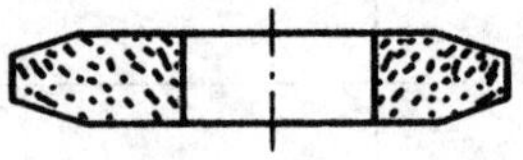 | 磨齿轮及螺纹 |
| 杯形砂轮 | 6 | 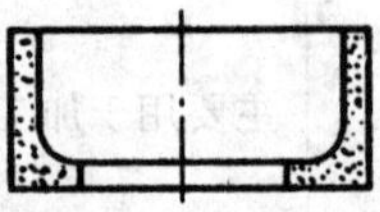 | 磨平面、内圆、刃磨刀具 |

注:砂轮最常用的磨料是棕刚玉和白刚玉(适宜磨削抗拉强度较高的金属碳钢、合金钢、可锻铸铁、硬青铜等),其次是黑碳化硅和绿碳化硅(适合于磨削硬质合金、光学玻璃、陶瓷等硬脆材料)

### 三、刀具的材质

1. 常用刀具的材质

常见刀具的材质见表1-7。

表1-7 常用刀具的材质

| 类型 | 分类 | 特点 | 利用场合（被加工材质） |
|---|---|---|---|
| 金刚石 | 1. 来源:天然金刚石和人造金刚石;<br>2. 品质:工业级金刚石和宝石级金刚石;<br>3. 形态:单晶和连生体两种,单晶金刚石可以分为立方体、八面体、六-八面体、菱形十二面体和其他形态;<br>4. 用途:树脂结合剂用和金属结合剂用两种 | 1. 金刚石在X射线照射下会发出蓝绿色荧光。<br>2. 金刚石一般为粒状。<br>3. 金刚石钻石,也叫金刚石,俗称"金刚钻"。<br>4. 抗磨性最强,但性脆,不耐摔打。金刚石有较强的折光率,呈标准的金刚光泽,经白光照射,立即可被分散成明亮刺眼的单色光折射出来;金刚石有稳定的化学性质,耐强酸强碱腐蚀,熔点较高 | 用来作为制作切割、钻孔、研磨等工具的非常重要的工业材料。 |

表 1-7(续)

| 类型 | 分类 | 特点 | 利用场合（被加工材质） |
|---|---|---|---|
| 硬质合金 | 钨钴类（WC+Co）（合金代号为YG，对应于国标K类） | 合金钴含量越高，韧性越好 | 适于粗加工 |
| | | 钴含量低 | 适于精加工 |
| | 钨钛钽（铌）钴类（WC+TiC+TaC(Nb)+Co）（合金代号为YW，对应于国标M类） | 1. 适用于加工冷硬铸铁、有色金属及合金；<br>2. 半精加工和精加工 | 适于粗加工 |
| | 钨钛钴类（WC+TiC+Co）（合金代号为YT，对应于国标P类） | 合金有较高的硬度和耐热性 | 主要用于加工切屑成条状的钢件等塑性材料 |
| | | 合金中TiC含量高，则耐磨性和耐热性提高 | 强度降低→粗加工一般选择TiC含量少的牌号，精加工选择TiC含量多的牌号 |
| | 碳化钛基类（WC+TiC+Ni+Mo）（合金代号为YN，对应于国标P01类） | 对于大、长且加工精度较高的零件尤其适合，不适于有冲击载荷的粗加工和低速切削 | 精加工和半精加工 |
| 陶瓷 | $Al_2O_3$ 基陶瓷和 $Si_3N_4$ 基陶瓷 | 特点：陶瓷材料比硬质合金具有更高的硬度（HRA91~95）和耐热性，在 1 200 ℃ 的温度下仍能切削，耐磨性和化学惰性好，摩擦系数小，抗黏结和扩散磨损能力强，因而能以更快的速度切削，并可切削难加工的高硬度材料。<br>优点：有很好的硬度和耐磨性，刀具寿命比硬质合金高；具有很好的热硬性，摩擦系数低，切削力比硬质合金小，用该类刀具加工时能提高表面光洁度。<br>缺点：强度和韧性差，热导率低。陶瓷最大缺点是脆性大，抗冲击性能很差 | 高速精细加工硬材料 |

## 2. 硬质合金材料牌号的选择

金属切削常用硬度合金牌号、性能及推荐用途见表1-8。

**表1-8 金属切削常用硬质合金牌号、性能及推荐用途**

| 牌号 | | 密度 g/cm³ | 典型值 | | 使用范围 |
|---|---|---|---|---|---|
| | | | 硬度 | 抗弯强度 | |
| YG类 | YG3 | 15.10~15.30 | 92.5 | 1 700 | 耐磨性仅次于YG3X,对冲击和震动较敏感,使用于铸铁、有色金属及其合金连续切削时的精车、半精车、精车螺纹与扩孔 |
| | YG3X | 15.10~15.30 | 93.6 | 1 450 | 在钨钴合金中耐磨性最好,但冲击韧性较差,适用于铸铁、有色金属及合金、淬火铜、合金钢小切削断面高速精加工 |
| | YG6X | 14.80~15.00 | 92.4 | 2 000 | 属于细颗粒碳化钨合金,其耐磨性较YG6高,适于加工冷合金铸铁与耐热合金钢,也适于普通铸铁的精加工 |
| | YG6(zk20) | 14.80~15.00 | 91.1 | 2 100 | 耐磨性较好,但低于YG3,抗冲击和震动性比YG3X好,适于铸铁、有色金属及合金、非金属材料的半精加工和精加工 |
| | YG6A | 14.8~15.00 | 92.8 | 1 850 | 属细颗粒合金,耐磨性好,适于冷硬铸铁、有色金属及其合金的半精加工,也适于淬火钢、合金钢的半精加工及精加工 |
| | YG8(zk30) | 14.6~14.80 | 90.5 | 2 300 | 抗弯曲强度高,抗冲击和抗震性较YG6好,适于铸铁、有色金属及合金、非金属材料低速粗加工 |
| | YG522 | 14.20~14.40 | 92.5 | 2 000 | 耐磨性好,使用强度高,是竹、木加工专用牌号,也可用于有色金属和非金属材料的切削加工 |
| YT类 | YT5 | 12.80~13.00 | 90.4 | 2 000 | 适用于碳素钢与合金钢(包括锻件、冲压件、铸铁表皮)间断切削时的粗车、粗刨、半精刨 |
| | YT14(zp20) | 11.30~11.60 | 91.8 | 16.50 | 适用于碳素钢与合金钢连续切削时的粗车、粗铣,间断切削时的半精车和精车 |
| | YT15 | 11.20~11.40 | 92.5 | 1 150 | 适用于碳素钢与合金钢边疆切削时半精加工、连续面的半精铣 |
| | YT30 | 9.40~9.60 | 93.2 | 1 200 | 适合于碳素钢与合金钢的半精加工,如小断面的精车、精镗、精扩等 |
| | YT535 | 12.60~12.80 | 91.0 | 2 050 | 适合于铸铁、锻钢的边疆粗车、粗铣,是粗加工的优良材质 |

表1-8(续)

| 牌号 | | 密度 g/cm³ | 典型值 | | 使用范围 |
| --- | --- | --- | --- | --- | --- |
| | | | 硬度 | 抗弯强度 | |
| YT类 | YW1 | 13.25~13.35 | 91.5 | 1 900 | 红硬性较好,能承受一定的冲击负荷,是通用性较好的合金,适于耐热钢、高锰钢、不锈钢等难加工钢材的加工,也适于普通钢和铸铁加工 |
| | YW2 | 13.15~13.35 | 91.5 | 1 900 | 使用强度较高,能承受较大的冲击负荷,适于耐热钢、高锰钢、不锈钢及高级合金钢等的粗加工、半精加工,也适于普通钢和铸铁的加工 |
| | YW2A | 12.85~13.00 | 92.0 | 1 950 | 性能较好,能承受较大的冲击负荷,是通用性较好的合金,适于耐热钢、高锰钢、不锈钢及高级合金钢等难加工钢材的粗加工、半精加工,也适于铸铁 |

3. 车刀切削部分的材料

在切削过程中,车刀的切削部分是在较大的切削抗力、较高的切削温度和剧烈的摩擦条件下进行工作的。车刀寿命的长短和切削效率的高低,首先取决于车刀切削部分的材料是否具备优良的切削性能,具体应满足以下要求:

(1)应具有高硬度,其硬度要高于工件材料1.3~1.5倍。
(2)应具有高耐磨性。
(3)应具有足够的抗弯强度和冲击韧性,防止车刀脆性断裂或崩刃。
(4)应具有高耐热性,即在高温下能保持高硬度的性能。
(5)应具有良好的工艺性,即较好的可磨削加工性、热处理工艺性、焊接工艺性。

**项目考核评价表**

| 记录表编号 | | 操作时间 | 25 min | 姓名 | | 总分 | | |
| --- | --- | --- | --- | --- | --- | --- | --- | --- |
| 考核项目 | 考核内容 | 要求 | 分值 | 评分标准 | | | 互评 | 自评 |
| 主要项目(80分) | 安全文明操作 | 安全控制 | 15 | 违反安全文明操作规程扣15分 | | | | |
| | 操作规程 | 理论实践 | 15 | 操作是否规范,适当扣5~10分 | | | | |
| | 拆卸顺序 | 正确 | 15 | 关键部位一处扣5分 | | | | |
| | 操作能力 | 强 | 15 | 动手行为主动性,适当扣5~10分 | | | | |
| | 工作原理理解 | 表达清楚 | 10 | 基本点是否表述清楚,适当扣5~10分 | | | | |
| | 清洗方法 | 正确 | 5 | 清洗是否干净,适当扣0~5分 | | | | |
| | 安装质量 | 高 | 5 | 多1件、少1件扣5分 | | | | |

项目报告单

| 项目 | | | | |
|---|---|---|---|---|
| 班级 | | 第_____组 | 组员 | |
| 使用工具 | | | | 说明 |
| 项目内容 | | | | |
| 项目步骤 | | | | |
| 项目结论（心得） | | | | |
| 小组互评 | | | | |

## 任务5　机械制造常用材料及热处理的认知

【实习任务单】

| 学习任务 | 机械制造常用量具的认知 |
|---|---|
| 学习目标 | 1. 知识目标<br>　　掌握机械制造常用材料及热处理方法。<br>2. 能力目标<br>　　能够根据加工需要正确选择机械制造常用材料及热处理方法。<br>3. 素质目标<br>　　(1) 培养学生在机床操作过程中具有安全操作和文明生产意识；<br>　　(2) 培养学生在整个机床操作过程中的团队协作意识和吃苦耐劳精神 |

一、任务描述

通过入场安全教育使进入实训车间的学生具有高度的安全意识,掌握机械制造常用材料及热处理方法,能够根据加工需要正确选择机械制造常用材料及热处理方法。

二、任务实施

1. 学生分组,每小组3~5人;

2. 安全教育2学时,车间现场设备讲解2学时;

3. 检查:以提问的形式了解学生对安全知识的掌握和重视情况;根据图纸或实物了解学生对设备加工的掌握情况;

4. 总结。

三、相关资源

1. 教材;

2. 安全教育课件;

3. 实训车间机床。

四、教学要求

1. 认真进行课前预习,充分利用教学资源;

2. 团队之间相互学习、相互借鉴,提高学习效率

## 【任务实施】

### 一、退火

1. 低温退火

工艺特点:加热温度 < $A_1$,碳钢及低合金钢加热温度为550~650 ℃,高合金工具钢加热温度为600~750 ℃,加热速度为100~150 ℃/h,保温时间为3~5 min/mm,冷却速度为50~100 ℃/h。

组织性能变化:消除锻、铸、焊及切削加工过程中的内应力,使其达到稳定状态。

适用范围:锻、铸、焊、机械加工等各类金属材料制品。

2. 再结晶退火

工艺特点:加热温度 > $[T_R + (150 - 250)]$℃ ($T_R \approx 0.4 T_M$),保温时间:0.5~1 h,冷却:空冷。

组织性能变化:发生回复再结晶过程,使变形晶粒转变为细小等轴晶粒,消除冷作硬化效应及内应力。

适用范围:经冷加工成形的各类制品。

3. 扩散退火

工艺特点:加热温度 > $A_{C3}$,$A_{cm}$,在固相线以下高温加热。碳钢在1 100~1 200 ℃下加热,保温时间为十几小时到几十小时,冷却速度同完全退火。为细化晶粒往往还需补充退火。

组织性能变化:使化学成分均匀,消除、改善显微组织的偏析。

适用范围:铸锭或铸件。

### 4. 完全退火

工艺特点:加热温度为$[A_{C3}+(30\sim50)]$℃,加热速度碳钢为200 ℃/h,低合金钢为100 ℃/h,高合金钢为50 ℃/h,保温时间碳钢为1.5～2 min/mm,冷却方式为小于300 ℃空冷。

组织性能变化:细化晶粒,降低硬度,提高塑性,消除内应力。

适用范围:亚共析钢铸锻件,碳的质量分数为0.3%～0.8%。

### 5. 等温退火

工艺特点:加热温度视对组织的要求而定,可与完全退火相同或与球化退火加热温度相同($A_{C3}-A_{C1}$),等温温度视钢材成分及退火后硬度要求而定,等温后冷却,可空冷到室温,大件需要缓冷到小于500 ℃空冷。

组织性能变化:同完全退火,可按工艺要求获得片状或粒状珠光体。

适用范围:碳的质量分数为0.3%～0.8%的亚共析钢铸锻件,碳的质量分数为0.8%～1.2%过共析钢的球化退火;淬透性好的钢。

### 6. 球化退火

工艺特点:加热温度<$A_{cm}$。①加热到略高于$A_{C1}$,长时间保温后缓冷到小于500 ℃。②加热到$[A_{C1}+(20\sim30)]$℃,烧透后快冷到$[A_{r1}-(20\sim30)]$℃保温,反复循环数次后缓冷到小于500 ℃。③等温球化退火,加热到$[A_{C1}+(20\sim30)]$℃,再快冷到$A_{r1}$以下保温,然后可空冷。

组织性能变化:使碳化物球化,可改善共析、过共析钢的切削加工性能,降低硬度。

适用范围:共析、过共析钢的锻轧件。

## 二、正火

碳钢正火工艺确定原则如表1-9所示。

表1-9 碳钢正火工艺确定原则

| 钢种 | 加热规范 | 冷却方法 | 目的及应用范围 |
| --- | --- | --- | --- |
| 低碳钢 | $[A_{C3}+(50\sim70)]$℃ | 1.一般在静止空气中冷却;<br>2.需获得较高硬度及过共析消除网状碳化物时,可在流动空气中或喷雾中冷却 | 提高硬度,利于切削,消除魏氏组织 |
| 中碳钢 | $[A_{C3}+(50\sim70)]$℃ | | 细化晶粒,均匀组织,去应力,也可作心部要求低韧性件的最终热处理 |
| 高碳钢 | $[A_{C3}+(50\sim70)]$℃<br>$[A_{cm}+(50\sim70)]$℃ | | 消除网状渗碳体或块状渗碳体过共析钢为球化退火做准备 |

## 三、退火、正火操作

退火、正火操作见表1-10。

表1-10 退火、正火操作

| 程序 | 具体操作 |
| --- | --- |
| 装炉前准备工作 | 1. 检查设备仪表是否正常，预先清理打扫炉膛。<br>2. 核对零件的形状、尺寸、材料，是否与图样相符。必要时打光谱、磨火花验证材质。熟悉零件工艺规程及技术要求。<br>3. 选择合适的工装夹具及捆扎零件用的铁丝规格、数量。<br>4. 空气炉退火时零件表面应进行保护以防止氧化脱碳，装箱退火可用铸铁屑、沙子、木炭填充装入工件箱内。一般新旧铸铁屑比例为3:7，新铁屑应在600 ℃左右烘烤0.5小时以上去油污，两种以上铁屑按比例均匀搅拌，筛去杂物后方可使用。防止零件表面氧化也可用有机滴剂或保护气体保护。用沙子和质量分数为5%的木炭渣（粒度3~5 mm）混合使用时，也需烘干。<br>5. 工件装箱退火时，先在箱底铺一层20~30 mm铸铁屑（沙子），工件距箱壁20~30 mm，距箱盖30~40 mm，工件间保留5~10 mm间隙，箱盖周围用耐火泥或黏土封存，经干燥后才能入炉。<br>6. 对没有氧化、脱碳要求的工件，可直接入炉退火。<br>7. 盐浴炉淬火返修件，应先清洗盐渍后经退火或正火，再返修淬火 |
| 工件装炉 | 1. 一般电炉断电后打开炉门，工件入炉。为缩短时间，钢件可在中温、高温进炉，铸铁件低温进炉。<br>2. 工件或工件箱离炉壁50 mm以上，火焰炉的火焰不得对准工件，工件离炉口150 mm以上。<br>3. 空气炉工件堆放高度不得超过炉膛的1/3，不得碰撞顶部热电偶，盐浴炉工件不准靠近电极。<br>4. 关炉门前应再次检查工件，不得与电热元件相接触。关炉门后方可定点升温，按工件的加热温度调控好控温仪表位置，并经常对炉温进行目测、监控和记录，中途不得随意打开炉门 |
| 工件出炉 | 1. 完成工艺规定的保温并冷却到一定温度后，即可停电关闭仪表。拔出热电偶，打开炉门，将工件装到车上或筐中运到安全地带空冷，撒放工件时地面应干燥。<br>2. 正火工件应均匀撒放在干燥地面冷却，不得堆放，要求硬度高时应在空气或喷雾中冷却，为消除大件网状碳化物允许先在油中冷却到700 ℃左右再出油空冷 |
| 注意事项 | 1. 操作者应经常通过窥视孔目测炉温均匀性，发现异常立即处理。<br>2. 仪表工应经常校对仪表误差，检测炉膛前后、上下、中间温度偏差，以便及时调整炉温。<br>3. 零件形状复杂，装炉量大，可以阶梯升温，常在500~600 ℃保温1~2 h后继续升温。装炉量大时，保温时间要延长，装箱退火时，保温时间可以按照箱体外径计算。操作时当仪表到达温度后开始计算保温时间。<br>4. 细长件、薄壁件装炉时要防自重变形，要保证炉气循环 |

### 四、退火、正火常见缺陷与对策

退火、正火常见缺陷与对策见表 1-11。

**表 1-11 退火、正火常见缺陷与对策**

| 缺陷名称 | 产生原因 | 对策 |
|---|---|---|
| 硬度高 | 1. 加热温度高,冷却速度过快,等温温度过低。时间过短,使过冷奥氏体转变温度过低或转变不完全引起;<br>2. 金相检查发现有托氏体、贝氏体、马氏体组织 | 重新退火,如等温退火、低温退火或球化退火 |
| 黑脆 | 1. 金相检验发现一部分渗碳体转变成石墨,工件一折即断;<br>2. 退火温度过高,保温时间过长,冷却缓慢;<br>3. 钢中含硅量过高,含锰量过低,含促进石墨化杂质(如铝较高)引起 | 常见于高碳钢及高碳合金钢发现黑脆报废 |
| 粗大魏氏组织 | 1. 原始晶粒粗大;<br>2. 加热温度过高;<br>3. 先共析相(亚共析钢铁素体,过共析钢渗碳体)沿奥氏体一定晶面析出,形成魏氏组织 | 重新正火消除。对于低碳钢严重的魏氏组织常用两次正火消除,第二次比第一次温度低 |
| 网状组织 | 1. 加热温度太高;<br>2. 冷却速度较慢,形成网状铁素体或渗碳体 | 重新退火、正火 |
| 反常组织 | 在 $A_1$ 附近冷速过低或在 $A_1$ 以下长期保温,在先共析铁素体晶界上出现粗大渗碳体或在先共析渗碳体周围出现宽的条状铁素体 | 重新退火或正火 |
| 球化不均匀 | 1. 球化退火前未消除网状碳化物;<br>2. 存在粗大块状碳化物 | 过共析钢重新正火并球化退火 |
| 过热过烧 | 加热温度过高,使晶界氧化或局部熔化 | 过热重新正火、退火处理,过烧报废 |

## 【相关知识】

在机械制造中,大多数的零件制造都是由各种金属材料制成的。为了合理地使用和加工金属材料以充分发挥其性能潜力,必须充分了解和掌握金属材料的基本性能。

### 一、金属和金属材料的分类

金属是具有良好的导电性和导热性,有一定的强度和塑性,并具有表面光泽的物质,如铁、铝和铜等。金属材料是以金属元素或以金属元素为主要材料组成的,并具有金属特性的工程材料,包括纯金属和合金。

金属材料一般按其化学成分分为黑色金属和有色金属两大类。

**黑色金属** 以铁或以铁为主而形成的物质,称为黑色金属。它包括纯铁、碳素钢、合金钢和铸铁。

**有色金属** 除黑色金属以外的其他金属,称为有色金属。按照它们特性的不同,又可分为轻金属、重金属、贵金属、稀有金属和放射金属等。在机械制造工业中,常用的金属材料如下所示。

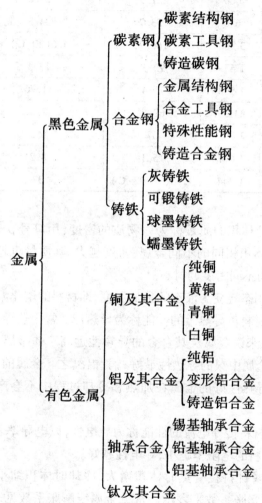

## 二、金属的物理性能和化学性能

### 1. 物理性能

金属材料在各种物理条件作用下所表现的性能称为物理性能。它包括密度、熔点、导热性、导电性、热膨胀性和磁性等。

常用金属的物理性能见表 1-12。

表1-12 常用金属材料的物理性能

| 金属名称 | 符号 | 密度(20℃)/(kg/m³) | 熔点/℃ | 热导率λ/W/m·k | 线胀系数$\alpha_l$/[$10^{-6}$/℃(0~100℃)] | 电阻率$\rho$/$10^{-6}\Omega\cdot m$ |
|---|---|---|---|---|---|---|
| 银 | Ag | $10.49\times10^3$ | 960.8 | 418.6 | 19.7 | 1.5 |
| 铜 | Cu | $8.96\times10^3$ | 1 083 | 393.5 | 17 | 1.67~1.68(20℃) |
| 铝 | Al | $2.7\times10^3$ | 660 | 221.9 | 23.6 | 2.655 |
| 镁 | Mg | $1.74\times10^3$ | 650 | 153.7 | 24.3 | 4.47 |
| 钨 | W | $19.3\times10^3$ | 3 380 | 166.2 | 4.6(20℃) | 5.1 |
| 镍 | Ni | $4.5\times10^3$ | 1 453 | 92.1 | 13.4 | 6.84 |
| 铁 | Fe | $7.87\times10^3$ | 1 538 | 75.4 | 11.76 | 9.7 |
| 锡 | Sn | $7.3\times10^3$ | 231.9 | 62.8 | 2.3 | 11.5 |
| 铬 | Cr | $7.19\times10^3$ | 1 903 | 67 | 6.2 | 12.9 |
| 钛 | Ti | $4.508\times10^3$ | 1 677 | 15.1 | 8.2 | 42.1~47.8 |
| 锰 | Mn | $7.43\times10^3$ | 1 244 | 4.98(-192℃) | 37 | 185(20℃) |

（1）密度　物质单位体积的质量称为该物质的密度，用符号$\rho$表示。密度是金属材料的一个重要物理性能，体积相同的不同金属，密度越大，其质量也越大。在日常应用中，往往根据不同的要求，选用不同密度的材料。

（2）熔点　金属从固态转变为液态的最低温度，即材料的熔化温度。

（3）导热性　金属材料传导热量的性能称为导热性。常用热导率$\lambda$表示。常见金属的热导率见表1-12，一般来说金属及其合金的导热性远高于非金属。金属材料的热导率越高，说明导热性越好。金属中银的导热性最好，铜、铝次之。金属的导热性对焊接、锻造、热处理等工艺影响较大，导热性好的金属在加热和冷却过程中不会产生过大的内应力，可防止工件变形和开裂。

（4）导电性　金属材料传导电流的性能称为导电性，以电导率表示，但常用其倒数——电阻率$\rho$表示。金属材料的电阻率越小，导电性越好。

（5）热膨胀性　金属材料在受热时体积增大，冷却时体积缩小的性能称为热膨胀性。热膨胀性的大小常用线膨胀系数来表示。常见金属线膨胀系数见表1-12，体积膨胀系数近似为线膨胀系数的3倍。

（6）磁性　金属材料的导磁性能称为磁性。不同的金属材料，其导磁性能不同。常用金属材料中，铁、镍、钴等具有较高的磁性，称为磁性材料；铜、铝、锌等没有磁性，称为抗磁金属。

2. 化学性能

金属的化学性能是指在室温或高温下抵抗外界化学介质的侵蚀能力，包括耐腐蚀性和抗氧化性。

（1）耐腐蚀性

多数金属材料会与其周围的介质发生化学作用而使其表面被破坏，如钢铁会生锈，铜会产生铜绿等,这种现象称为锈蚀或腐蚀。金属的耐蚀性就是指它在常温下抵抗大气、水蒸气、酸及碱等介质的腐蚀能力。非金属材料的耐蚀性远远高于金属材料。提高材料的耐蚀性,对于节省材料和延长构件的使用寿命具有现实的经济意义。

(2)抗氧化性

金属材料在高温下容易被周围环境中的氧气氧化而遭破坏,金属材料在高温下抵抗氧化作用的能力称为抗氧化性。

在高温环境工作的设备(如锅炉、汽轮机、汽车发动机等)上的一些部件极易因氧化而失去使用性能,所以对长期在高温下工作的部件,应采用抗氧化性好的材料来制造。

一般金属材料的耐蚀性和抗氧化性都不是很好,为了满足化学性能要求,必须使用特殊的合金钢或某些有色合金。

### 三、金属的力学性能

金属的力学性能是指金属材料抵抗各种外加载荷的能力,包括弹性和刚度、强度、塑性、硬度、冲击韧性、断裂韧性以及疲劳强度等,它们是衡量材料性能极其重要的指标。

1. 弹性和刚度

材料在外力作用下会或多或少地产生变形,当所受外力去除后能恢复其原来形状的能力,称为弹性。这种随着外力去除而消失的变形称为弹性变形,其大小与外力成正比。材料抵抗弹性变形的能力称为刚度。

2. 强度

材料在外力的作用下抵抗变形与断裂的能力称为强度。根据外力的作用方式不同,强度有多种指标,如抗拉强度、抗压强度、抗弯强度和抗扭强度。通常多以抗拉强度为代表对材料进行分析。

3. 塑性

材料在外力的作用下,产生永久变形而不被破坏的性能称为塑性。伸长率 $\delta$ 和断面收缩率 $\psi$ 是拉伸条件下,衡量金属变形能力的性能指标。

4. 硬度

硬度是材料抵抗更硬物体压入其表面的能力,也可以说是抵抗局部变形,特别是塑性变形、压痕或划痕的能力。它是材料的重要性能之一,与其他强度指标和塑性指标之间有着内在的联系,硬度值可以间接反映金属强度及金属在化学成分、金相组织和热处理工艺上的差异等。通常,材料越硬,其耐磨性越好。机械制造所用的刀具、量具、模具等,都应具备足够的硬度,才能保证使用性能和寿命。有些零件,如齿轮等,也要求具有一定的硬度,以保证足够的耐磨性和使用寿命。

布氏硬度:用直径为 2.5 mm,5 mm,10 mm 的钢球压入试样,用压痕直径来表示其硬度值;适用于检查相对较软的材料。

洛氏硬度:用直径为 1.588 mm 的淬火钢球或顶角为 120° 的金刚石圆锥压入试样后留下的深度来确定材料的硬度值;可检查各种材料。

维氏硬度:材料相对较硬,洛氏硬度检查后试样不便比较时,采用维氏硬度检测。检测原理与布氏硬度检测相似,它是用顶角为136°的金刚石正四棱锥体,在一定压力下计算硬度值得到;可用于测定极硬或极软的各种材料。

5. 冲击韧性

略

6. 断裂韧性

断裂韧性就是用来反映材料抵抗裂纹失稳扩张能力的性能指标。

7. 疲劳强度

略

**四、铁碳相图(铁碳平衡图)**

铁碳合金相图表示在缓慢冷却(或缓慢加热)的条件下,不同成分的铁碳合金的状态或组织随温度变化的图形,如图 1 – 52 所示。

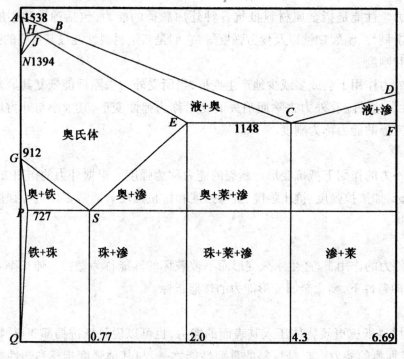

图 1 – 52　Fe – $Fe_3C$ 相图

在铁碳合金中,碳可以与铁组成化合物,也可以形成混合物。在铁碳合金中有以下几种基本组织。

1. 铁素体

碳溶解在 $\alpha$ – Fe 中形成间隙固溶体称为铁素体,用符号 F 表示。铁素体的含碳量低,$\alpha$ – e 的最大溶碳量为 0.021 8%,因此其性能与纯铁相似,即具有良好的塑性和韧性,但强度和硬度较低。铁素体在 770 ℃以下具有磁性,在 770 ℃以上则失去磁性。

2. 奥氏体

碳溶解在 $\gamma$ – Fe 中形成间隙固溶体称为奥氏体,用符号 A 表示。奥氏体的溶碳能力较强,在 1 148 ℃时溶碳量可达 2.11%,随着温度的下降,溶解度逐渐减少,在 727 ℃时溶碳量为 0.77%。奥氏体的性能与其溶碳量及晶粒大小有关,一般强度和硬度不高,但具有良好的塑性,是绝大多数钢在高温锻造和轧制时所要求的组织。

3. 渗碳体

渗碳体是含碳量为 6.69% 的铁与碳的金属化合物,其化学式为 $Fe_3C$。渗碳体的熔点为 1 227 ℃,硬度很高,塑性很差,伸长率和冲击韧性几乎为零,是一个硬而脆的组织。在钢中,渗碳体以不同形态和大小的晶体出现于组织中,对钢的力学性能影响很大。

4. 珠光体

珠光体是铁素体和渗碳体的混合物,用符号 P 表示。在缓慢冷却条件下,珠光体的含碳量为 0.77%。由于珠光体是由硬的渗碳体和软的铁素体组成的混合物,所以,其力学性能取决于铁素体和渗碳体的性能,大体上是两者性能的平均值,因此珠光体的强度较高,硬度适中,具有一定的塑性。

5. 莱氏体

莱氏体是含碳量为 4.3% 的铁碳合金,在 1 148 ℃时从液相中同时结晶出奥氏体和渗碳体的混合物,用符号 $L_d$ 表示。由于奥氏体在 727 ℃时还将转变为珠光体,所以在室温下的莱氏体由珠光体和渗碳体组成,这种混合物称为低温莱氏体,用符号 $L_d'$ 表示。莱氏体的力学性能和渗碳体相似,硬度很高,塑性很差。

**五、切削过程的金属变形**

1. 金属材料切屑的形成

试验和理论表明,切屑的形成过程是切削层在受到刀具前刀面的挤压后而产生的以滑移为主的塑性变形过程。

当刀具前刀面推挤切削层时,在切削层内产生应力场,离切削刃愈近,应力愈大。当应力超过该部位的屈服强度时,产生塑性变形。剪切区内的剪切线与自由表面的交角为 45°。在一般切削速度范围内,这一变形区的宽度仅为 0.02 ~ 0.2 mm,因此可以视为一个剪切平面,称为剪切面。

当切削层的金属经剪切滑移后变成切屑沿前刀面流出时,又受到前刀面的挤压而产生剧烈摩擦,使切削进一步变形,这就形成了第 Ⅱ 变形区。积屑瘤、刀具磨损等现象主要取决于第 Ⅱ 变形区。

切削过程中,工件已加工表面由于受到切屑刃钝圆部分和后刀面的挤压和摩擦,也会产生很大的变形,这就是第 Ⅲ 变形区。由于强烈的变形,将使工件表面形成加工硬化,产生表面残余应力,甚至会伴随出现微裂纹而严重影响工件的表面加工质量和工件使用性能。

2. 积屑瘤

在中等较低的切削速度下切削塑性金属时,常常会发现一小块很硬的金属黏附在靠近切削刃的前刀面上,并代替前刀面和切削刃进行切削,这就是积屑瘤。

积屑瘤产生的原因:切削时,由于前刀面与切屑间的压力很大,切削温度也很高,故在切屑底层形成了滞留层。在一定的压力和温度下,底层的滞留层就会与切屑分离并黏结

(冷焊)在前刀面上,形成第一层积屑瘤。由于切屑在不断地连续流出,新的滞留层又黏结在冷焊层上。如此层层堆积,积屑瘤就不断长大。积屑瘤长到一定高度后,切屑与前刀面的接触条件和受力情况发生变化,就会停止继续生长。当切削过程出现冲击、震动或切削力发生变化时,积屑瘤就会局部破裂或整体脱落。

积屑瘤对切削过程的影响:(1)有利的一面:代替刀具切削,对刀具有一定的保护作用;积屑瘤可使刀具的实际前角增大,使切削力减小。(2)不利的一面:使切削层公称厚度增大,可能会引起震动;积屑瘤的破碎,会使工件表面产生犁沟,影响工件表面质量。

防止产生积屑瘤的措施:加工时控制切削速度,尽量使用很慢或很快的切削速度进行切削;对材料进行处理,提高其加工性能;增大刀具的前角,减小进给量,提高刀具表面刃磨质量,选用润滑性能良好的润滑液,等等。

3. 切屑的形态

切削形态有带状切、挤裂切屑、单元切屑和崩碎切屑。

4. 自由与非自由切削、直角与斜角切削的概念

自由切削:刀具在切削过程中,如果只有一条直线刀刃参与切削工作,就称为自由切削。

非自由切削:除了自由切削以外的切削形式。

直角切削:直角切削是指刀具主切削刃的刃倾角等于零时的切削,此时主切削刃与切削速度方向成直角,因此称为直角切削或称为正交切削,如刨削加工。

斜角切削:切削加工时,刀具主切削刃的切线与合成切削速度方向不垂直的切削。

## 六、切削力与切削功率

1. 切削力与切削功率的概念

切削力:切削加工时,在刀具的作用下,被切削层金属、切屑和工件已加工表面都要产生弹性变形和塑性变形,这些变形所产生的抗力分别作用在前刀面和后刀面上;同时由于切屑沿前刀面流出,刀具与工件之间有相对运动,所以还有摩擦力作用在前刀面和后刀面上。这些作用在刀具上的合力就是总切削力,简称切削力。

切削功率:消耗在切削过程中的功率称为切削功率。

2. 影响切削力的因素

影响切削力的因素包括工件材料、切削深度、切削速度、前角、主偏角、刀倾角、刀尖圆弧半径、刀具材料、切削液、刀具磨损等。

## 【拓展知识】

金属材料分为黑色金属和有色金属两大类。而黑色金属包括碳素钢、合金钢、铸铁等。

### 一、碳素钢

碳素钢(碳钢)是指含碳量小于2.11%的铁碳合金。由于其价格低廉,冶炼方便,工艺性能良好,并且在一般情况下能满足使用性能要求,因而在机械制造、建筑、交通运输及其

他工业行业中得到了广泛的应用。常见的碳素钢有 Q235,20,35,45。

1. 碳素钢的分类

碳素钢的分类很多,常用的分类如下。

(1) 按含碳量分

①低碳钢　含碳量小于 0.25% 的钢。

②中碳钢　含碳量在 0.25% ~ 0.60% 之间的钢。

③高碳钢　含碳量大于 0.60% 的钢。

(2) 按质量分

①普通碳素钢　硫、磷含量较高。

②优质碳素钢　硫、磷含量较低。

③高级优质碳素钢　硫、磷含量很低。

④特级质量碳素钢　硫、磷含量非常低。

(3) 按用途分

①碳素结构钢　主要用于制造各种工程构件和机器零件,一般属于低碳和中碳钢。

②碳素工具钢　主要用于制造各种刃具、量具、模具等,这类钢一般属于高碳钢。

2. 碳素钢的牌号与应用

(1) 普通碳素结构钢　这类碳钢中碳的质量分数一般在 0.06% ~ 0.38% 范围内,钢中有害杂质相对较多,但价格便宜,大多用于要求不高的机械零件和一般工程构件。通常轧制成钢板或各种型材供应。碳素结构钢的牌号表示方法是由代表屈服点的字母 Q、屈服点的数值,质量等级符号,脱氧方法符号等四个部分按顺序组成。例如 Q235 – AF 表示碳素结构钢中屈服强度为 235 MPa 的 A 级沸腾钢。

(2) 优质碳素结构钢　这类钢因有害杂质较少,其强度、塑性、韧性均比碳素结构钢好。主要用于制造较重要的机械零件。优质碳素结构钢的牌号用两位数字表示,如 08,10,45 等,数字表示钢中平均碳质量分数的万倍,如上述牌号分别表示其平均碳的质量分数为 0.08%,0.1%,0.45%。

(3) 碳素工具钢　碳素工具钢因含碳量比较高,硫、磷杂质含量较少,经淬火,低温回火后硬度比较高,耐磨性好,但塑性较低,主要用于制造各种低速切削刀具、量具和模具。碳素工具钢的牌号由代号"T"后加数字组成,如 T8 钢,表示平均碳的质量分数为 0.8% 的优质碳素工具钢。

(4) 铸造碳钢　生产中有许多形状复杂、力学性能要求高的机械零件,通常用铸造碳钢制造。铸钢中碳的质量分数一般在 0.15% ~ 0.60% 范围内。铸造碳钢的牌号是用铸钢两字的汉语拼音的首字母"ZG"后面加两组数字组成,第一组数字代表屈服强度值,第二组数字代表抗拉强度值。如 ZG270 – 500 表示屈服强度为 270 Mpa、抗拉强度为 500 Mpa 的铸造碳钢。

二、合金钢

合金钢就是在碳钢的基础上,为了改善组织和性能,有目的地加入一些元素而制成的钢,加入的元素称为合金元素。常见的合金钢有 35SiMn,40Cn,20CrMnTi,65Mn。常用的合金元素有 Si,Mn,Cr,Ni,W,V,Mo,Ti 等。

1. 合金钢的分类

(1) 按用途分

① 合金结构钢　指用于制造各种机械零件和工程结构的钢。

② 合金工具钢　指用于制造各种工具的钢。

③ 特殊性能钢　具有某种特殊的物理、化学性能的钢。

(2) 按照合金元素的总含量分

① 低合金钢　合金元素总量(质量分数)小于 5%。

② 中合金钢　合金元素总量(质量分数)在 5% ~ 10% 以内。

③ 高合金钢　合金元素总量(质量分数)大于 10%。

2. 合金钢的编号

(1) 合金结构钢　合金结构钢的牌号用"两位数字 + 元素符号 + 数字"表示,如 60Si2Mn(60 硅 2 锰)表示平均含碳量为 0.6%,硅含量 2.1%,锰含量小于 1.5%。

(2) 合金工具钢　合金工具钢的含碳量比较高(0.8% ~ 1.5%),如 9Mn2V 表示平均含碳量为 0.9%,锰含量为 2%,钒含量小于 1.5%。

(3) 特殊性能钢　特殊性能钢的牌号表示方法与合金工具钢的基本相同,如 2Cr13 表示含碳量为 0.2%、含铬 13% 的不锈钢。

### 三、铸铁

铸铁是指一系列主要由铁、碳和硅组成的合金的总称。铸铁具有优良的铸造性能、切削加工性、耐磨性及减震性,而且熔炼铸铁的工艺与设备简单,成本低廉,因此铸铁是制造各种铸件的常用材料。常见的铸铁有 HT150,HT200,HT250,QT400 – 15,QT500 – 7。

根据碳在铸铁中存在形式和形态的不同,铸铁有以下分类。

1. 白口铸铁

碳除少量熔于铁素体外,其余的碳都以渗碳体的形式存在于铸铁中,其断口呈银白色,故称白口铸铁,这类铸铁硬而脆,很难切削加工,所以很少直接用来制造各种零件。

2. 灰铸铁

铸铁中的碳大部分以片状石墨形式存在,其断口呈暗灰色,故称灰铸铁,这类铸铁力学性能不高,但生产工艺简单,价格低廉,且具备其他方面的特性。

3. 球墨铸铁

铸铁中的碳绝大部分以球状石墨存在,故称球墨铸铁。这类铸铁力学性能比灰铸铁高,且通过热处理后球墨铸铁的力学性能可以得到进一步提高。

4. 可锻铸铁

铸铁中碳主要以团絮状石墨的形状存在于铸铁中,它在薄壁复杂铸铁件中应用较多。

### 四、有色金属及其合金

工业上常用的金属材料中,通常称铁及其合金(钢铁)为黑色金属,其他的非铁金属及其合金称为有色金属(黄铜、青铜、锡青铜、铝等)，铝、镁、钛、铜、锡、铅、锌等金属及其合金是常用的有色金属，它们具有许多良好的特殊性能，成为现代工业中不可缺少的材料。

1. 铝及铝合金

(1) 工业纯铝

工业纯铝是银白色的轻金属，它熔点为 660 ℃，具有良好的导电、导热性。工业纯铝的主要用途是制作电线、电缆及强度要求不高的器皿。

(2) 常用的铝合金

纯铝的强度很低，不适于作为结构零件的材料，在铝中加入铜、锰、硅、镁等合金元素即可成为铝合金，其力学性能大大提高，且具有密度小、耐腐蚀的优点。根据铝合金的成分及生产工艺特点，可分为变形铝合金和铸造铝合金两大类。变形铝合金塑性好，可由冶金厂加工成各种型材产品供应；铸造铝合金塑性较差，一般只用于成形铸造。

2. 铜及铜合金

(1) 工业纯铜

纯铜因其外观呈紫红色曾称其为紫铜，它熔点为 1 083 ℃，具有良好的塑性、导电性、导热性和耐蚀性，广泛用于制造电线、电缆、铜管以及配置铜合金。我国工业纯铜的代号有 T1、T2、T3 三种，顺序号越大，纯度越低。

(2) 常用铜合金

在铜中加入锌、锡、镍、铝和铅等合金元素即可成为铜合金。铜合金按其化学成分分为黄铜、青铜和白铜。

**项目考核评价表**

| 记录表编号 | | 操作时间 | 25 min | 姓名 | | 总分 | | |
|---|---|---|---|---|---|---|---|---|
| 考核项目 | 考核内容 | 要求 | 分值 | 评分标准 | | | 互评 | 自评 |
| 主要项目<br>(80分) | 安全文明操作 | 安全控制 | 15 | 违反安全文明操作规程扣15分 | | | | |
| | 操作规程 | 理论实践 | 15 | 操作是否规范，适当扣5~10分 | | | | |
| | 拆卸顺序 | 正确 | 15 | 关键部位一处扣5分 | | | | |
| | 操作能力 | 强 | 15 | 动手行为主动性，适当扣5~10分 | | | | |
| | 工作原理理解 | 表达清楚 | 10 | 基本点是否表述清楚，适当扣5~10分 | | | | |
| | 清洗方法 | 正确 | 5 | 清洗是否干净，适当扣0~5分 | | | | |
| | 安装质量 | 高 | 5 | 多1件、少1件扣5分 | | | | |

**项目报告单**

| 项目 | | | | |
|---|---|---|---|---|
| 班级 | | 第_____组 | 组员 | |
| 使用工具 | | | | 说明 |

| | |
|---|---|
| 项目内容 | |
| 项目步骤 | |
| 项目结论（心得） | |
| 小组互评 | |

# 项目2　车床加工训练

## 任务1　CA6140车床基本操作

【实习任务单】

| 学习任务 | 机械加工普通机床基本结构的认知 |
|---|---|
| 学习目标 | 1. 知识目标<br>　（1）掌握车床的使用规范与操作规程；<br>　（2）掌握车床的基本操作及各个开关和手柄的功能。<br>2. 能力目标<br>　能够根据加工需要正确选择加工机床。<br>3. 素质目标<br>　（1）培养学生在机床操作过程中具有安全操作和文明生产意识；<br>　（2）培养学生在整个机床操作过程中具备团队协作意识和吃苦耐劳精神 |

一、任务描述

　　通过入场安全教育使进入实训车间的学生具有高度的安全意识，掌握CA6140车床安全操作规程，能够根据加工需要正确选择机床。

二、任务实施

　　1. 学生分组，每小组3~5人；

　　2. 安全教育2学时，车间现场设备讲解2学时；

　　3. 检查：以提问的形式了解学生对安全知识的掌握和重视情况；根据图纸或实物了解学生对设备加工的掌握情况；

　　4. 总结。

三、相关资源

　　1. 教材；

　　2. 安全教育课件；

　　3. 实训车间机床。

四、教学要求

　　1. 认真进行课前预习，充分利用教学资源；

　　2. 团队之间相互学习，相互借鉴，提高学习效率

## 【任务实施】

### 一、车床的启动操作

1. 开机上电。检查车床各变速手柄是否处于空挡位置,离合器是否处于正确位置,操纵杆是否处于停止状态,确认无误后,合上车床电源总开关,如图2-1所示。
2. 按下床鞍上的绿色启动按钮,电动机启动,如图2-2所示。
3. 主轴调速。在不同要求和情况下进行切削,主轴的转速是不一样的,调整主轴转速,一扳手选择红白黑三色,一扳手选择扳在所需颜色的速度所在区域的三角处,便可以确定主轴转速,如图2-3所示。

图2-1 开机上电　　　　图2-2 电动机启动　　　　图2-3 主轴调速

4. 主轴正反转手柄开启。主轴正反转手柄,向上提起溜板箱右侧的操纵杆手柄,主轴正转;操纵杆手柄回到中间位置,主轴停止转动;操纵杆向下压,主轴反转,如图2-4所示。
5. 对刀,中心点对刀,方刀架转位、固定手柄,刀架纵横向自动进给手柄及快速移动按钮,如图2-5所示。
6. 床鞍横向移动手轮,如图2-6所示。

图2-4 主轴正反转手柄开启　　　图2-5 对刀　　　图2-6 床鞍横向移动手轮

7. 刀架刀具锁紧手柄,如图2-7所示。
8. 切削对刀。冷却泵开关,如图2-8所示。

图2-7 刀架刀具锁紧手柄

图2-8 冷却泵开关

9. 主轴正反转的转换要在主轴停止转动后进行,避免因连续转换操作使瞬间电流过大而发生电器故障。

10. 按下床鞍上的红色停止按钮,电动机停止工作,机床停止。

11. "6S"管理。打扫清理现场。

### 二、主轴箱的变速操作

主轴变速调整基本操作(手柄位置与主轴转速的关系)通过改变主轴箱正面右侧的两个叠套手柄的位置来控制。前面的手柄有6个挡位,每个有4级转速,由后面的手柄控制,所以主轴共有24级转速。主轴箱正面左侧的手柄用于螺纹的左右旋向变换和加大螺距,共有4个挡位,即右旋螺纹、左旋螺纹、左旋加大螺距和右旋加大螺距。

### 三、进给箱的变速操作

C6140型车床上进给箱正面左侧有一个手轮,手轮有8个挡位;右侧有前、后叠装的两个手柄,前面的手柄是丝杆、光杆变换手柄,后面的手柄有Ⅰ,Ⅱ,Ⅲ,Ⅳ4个挡位,与手轮配合,用以调整螺距或进给量。

根据加工要求调整所需螺距或进给量时,可通过查找进给箱油池盖上的调配表来确定手轮和手柄的具体位置。

### 四、溜板箱的操作

溜板部分实现车削时,绝大部分的进给运动:床鞍及溜板箱做纵向移动,中滑板做横向移动,小滑板可做纵向或斜向移动。进给运动有手动进给和机动进给两种方式。

### 五、溜板部分的手动操作

1. 床鞍及溜板箱的纵向移动由溜板箱正面左侧的大手轮控制。顺时针方向转动手轮时,床鞍向右运动;逆时针方向转动手轮时,床鞍向左运动。手轮轴上的刻度盘圆周等分300格,手轮每转过1格,纵向移动1 mm。

2. 中滑板的横向移动由中滑板手柄控制。顺时针方向转动手柄时,中滑板向前运动(横向进刀);逆时针方向转动手柄时,向操作者运动(横向退刀)。手轮轴上的刻度盘圆周等分 100 格,手轮每转过 1 格,纵向移动 0.05 mm。

3. 小滑板在小滑板手柄控制下可做短距离的纵向移动。小滑板手柄顺时针方向转动时,小滑板向左运动;逆时针方向转动手柄时,小滑板向右运动。小滑板手轮轴上的刻度盘圆周等分 100 格,手轮每转过 1 格,纵向或斜向移动 0.05 mm。小滑板的分度盘在刀架需斜向进给车削短圆锥体时,可顺时针或逆时针地在 90°范围内偏转所需角度,调整时,先松开锁紧螺母,转动小滑板至所需角度位置后,再锁紧螺母将小滑板固定。

### 六、溜板部分的机动进给操作练习

1. C6140 型车床的纵、横向机动进给和快速移动采用单手柄操纵。自动进给手柄在溜板箱右侧,可沿十字槽纵、横扳动,手柄扳动方向与刀架运动方向一致,操作简单、方便。手柄在十字槽中央位置时,停止进给运动。在自动进给手柄顶部有一快进探钮,按下此钮,快速电动机工作,沿床鞍或中滑板手柄扳动方向做纵向或横向快速移动,松开按钮,快速电动机停止转动,快速移动中止。

2. 溜板箱正面右侧有一开合螺母操作手柄,用于控制溜板箱与丝杆之间的运动联系。车削非螺纹表面时,开合螺母手柄位于上方;车削螺纹后不久,顺时针方向扳下开合螺母手柄,使开合螺母闭合并与丝杆啮合,将丝杆的运动传递给溜板箱,使溜板箱、床鞍按预定的螺距做纵向进给。车完螺纹应立即将开合螺母手柄扳回到原位。

### 七、CA6140 尾座操作

1. 手动沿床身导轨纵向移动尾座至合适的位置,逆时针方向扳动尾座固定手柄,将尾座固定。注意移动尾座时用力不要过大。

2. 逆时针方向移动套筒固定手柄,摇动手轮,使套筒做进、退移动。顺时针方向转动套筒固定手柄,将套筒固定在选定的位置。

3. 擦净套筒内孔和顶尖锥柄,安装后顶尖;松开套筒固定手柄,摇动手轮使套筒后退出后顶尖。

### 八、工件、刀具的安装

1. 工件的装夹。工件的装夹通常有三爪卡盘,如图 2-9 所示。

2. 刀具安装(中心钻、模氏柄钻头、外圆车刀、内孔车刀)。可以安装中心钻、模氏柄钻头、外圆车刀、内孔车刀等,如图 2-10 所示。

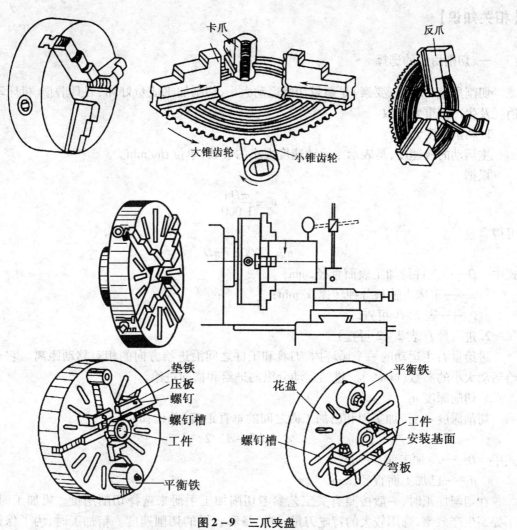

图 2-9 三爪夹盘

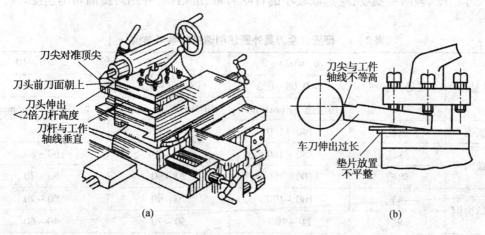

图 2-10 刀具安装

## 【相关知识】

### 一、切削用量的选择

切削用量(切削三要素)是衡量切削运动大小、切削加工质量好坏、刀具磨损、机床动力消耗及生产的重要参数。

1. 切削速度 $v_c$

主运动的线速度,是表示主运动速度大小的参数,单位:m/min。

根据

$$v_c = \frac{\pi D n}{1\,000}$$

可得

$$n = 1\,000 v_c / \pi D$$

式中　$D$——工件待加工表面直径,mm;

　　　$n$——车床主轴每分钟转速,r/min;

　　　$v_c$——表 2-1 可查。

2. 进给量 $f$（表 2-2 可查）

进给量 $f$:主运动的一个循环内,刀具和工件之间沿进给方向的相对移动距离。它是进给运动大小的参数(mm/r)。进给运动分纵向进给和横向进给。

3. 切削深度 $a_p$

切削深度 $a_p$:待加工面和已加工面之间的垂直距离(单位:mm)。

$$a_p = (D - d)/2$$

式中　$D$——待加工面直径,mm;

　　　$d$——已加工面直径,mm。

在切削加工时,一般按照有关工艺参考切削加工手册来选择切削用量。粗加工时,为了提高生产效率,选用较大的背吃刀量、进给量和较慢的切削速度。精加工时,为了保证工件的尺寸精度、表面粗糙度,应选取较小的背吃刀量、进给量,并相对提高切削速度。

表 2-1　硬质合金刀具外圆切削速度的参考数值($v_c$)

| 零件材料 | 热处理状态 | $a_p = 0.3 \sim 2$<br>$f = 0.08 \sim 0.3$<br>切削速度/(m/min) | $a_p = 2 \sim 6$<br>$f = 0.3 \sim 0.6$<br>切削速度/(m/min) | $a_p = 6 \sim 10$<br>$f = 0.6 \sim 1$<br>切削速度/(m/min) |
|---|---|---|---|---|
| 低碳钢 | 热轧 | 140~180 | 100~120 | 70~90 |
| 中碳钢 | 热轧 | 130~160 | 90~110 | 60~80 |
| 中碳钢 | 调质 | 100~130 | 70~90 | 50~70 |
| 合金结构钢 | 热轧 | 100~130 | 70~90 | 50~70 |
| 合金结构钢 | 调质 | 80~100 | 50~70 | 40~60 |
| 工具钢 | 退火 | 90~120 | 60~80 | 50~70 |

表 2-1(续)

| 零件材料 | 热处理状态 | $a_p = 0.3 \sim 2$<br>$f = 0.08 \sim 0.3$<br>切削速度/(m/min) | $a_p = 2 \sim 6$<br>$f = 0.3 \sim 0.6$<br>切削速度/(m/min) | $a_p = 6 \sim 10$<br>$f = 0.6 \sim 1$<br>切削速度/(m/min) |
|---|---|---|---|---|
| 灰铸铁 | HBS < 190 | 90~120 | 60~80 | 50~70 |
|  | HBS = 190~225 | 80~110 | 50~70 | 40~60 |
| 铜及铜合金 |  | 200~250 | 120~180 | 90~120 |
| 铝及铝合金 |  | 300~600 | 200~400 | 150~200 |

表 2-2 硬质合金刀具粗车外圆、端面的进给量参考数值($f$)

| 工件材料 | 车刀刀杆尺寸 $B \times H$/mm | 工件直径 $d$/mm | 背吃刀量 $a_p$/mm | | | | |
|---|---|---|---|---|---|---|---|
|  |  |  | 小于3 | 3~5 | 5~8 | 8~12 | 12以上 |
|  |  |  | 进给量/(mm/r) | | | | |
| 碳素结构钢、合金结构钢及耐热钢 | 16×25 | 20 | 0.3~0.4 |  |  |  |  |
|  |  | 40 | 0.4~0.5 | 0.3~0.4 |  |  |  |
|  |  | 60 | 0.5~0.7 | 0.4~0.6 | 0.3~0.5 |  |  |
|  |  | 100 | 0.6~0.9 | 0.5~0.7 | 0.5~0.6 | 0.4~0.5 |  |
|  |  | 400 | 0.8~1.2 | 0.7~1.0 | 0.6~0.8 | 0.5~0.6 |  |
|  | 20×30<br>25×25 | 20 | 0.3~0.4 |  |  |  |  |
|  |  | 40 | 0.4~0.5 | 0.3~0.4 |  |  |  |
|  |  | 60 | 0.5~0.7 | 0.5~0.7 | 0.4~0.6 |  |  |
|  |  | 100 | 0.8~1.0 | 0.7~0.9 | 0.5~0.7 | 0.4~0.7 |  |
|  |  | 400 | 1.2~1.4 | 1.0~1.2 | 0.8~1.0 | 0.6~0.9 | 0.4~0.6 |
| 铸铁及铜合金 | 16×25 | 40 | 0.4~0.5 |  |  |  |  |
|  |  | 60 | 0.5~0.8 | 0.5~0.8 | 0.4~0.6 |  |  |
|  |  | 100 | 0.8~1.2 | 0.7~1.0 | 0.6~0.8 | 0.5~0.7 |  |
|  |  | 400 | 1.0~1.4 | 1.0~1.2 | 0.8~1.0 | 0.6~0.8 |  |
|  | 20×30<br>25×25 | 40 | 0.4~0.5 |  |  |  |  |
|  |  | 60 | 0.5~0.9 | 0.5~0.8 | 0.4~0.7 |  |  |
|  |  | 100 | 0.9~1.3 | 0.8~1.2 | 0.7~1.0 | 0.5~0.8 |  |
|  |  | 400 | 1.2~1.8 | 1.2~1.6 | 1.0~1.3 | 0.9~1.1 | 0.7~0.9 |

注:1. 加工断续表面和有冲击的工件时,表内数值应乘系数 $k$,此时 $k = 0.75 \sim 0.85$;

2. 在无外皮加工时,表内数值应乘系数 $k$,此时 $k = 1.1$;

3. 加工耐热钢及其合金时,进给量不大于 1 mm/r;

4. 加工淬硬钢时,进给量应减小。当硬度为 44~56 HRC 时,乘以系数 $k$,此时 $k = 0.8$,当硬度为 57~62 HRC 时,乘以系数 $k$,此时 $k = 0.5$。

## 二、安全操作规程

1. 启动车床前应做的工作:(1)检查车床各部分机构及防护设备是否完好;(2)检查各

手柄是否灵活,其空挡或原始位置是否正确;(3)检查各注油孔,并进行润滑;(4)使主轴低速空转 1~2 分钟,待车床运转正常后才能工作,若发现车床有故障,应立即停机检修。

2. 主轴变速前必须先停机,变换进给箱手柄应在低速或停机状态下进行。为保持丝杠的精度,除车削螺纹外,不能使用丝杠进行机动进给。

3. 工艺装备的放置要稳妥、整齐、合理,有固定的位置,便于操作时取用,用后应放回原处。主轴箱盖上不应放置任何物品。

4. 工具箱应分类摆放物件。精度高的工具应放置稳妥,重物放下层,轻物放上层。不可随意乱放,以免工具损坏或丢失。

5. 正确使用和爱护量具。经常保持其清洁,用后擦净,涂油,放入盒内,并及时归还工具室。所使用量具必须定期校验,以保证其度量准确。

6. 不允许在卡盘及床身导轨上敲击或校直工件,床面上不准放置工具或工件。装夹、找正较重的工件时,应用木板保护床面。下班时若工件不卸下,应用千斤顶支撑。

7. 车刀磨损后应及时刃磨,不允许用钝刃车刀继续车削,以免增加车床负荷或损坏车床,影响工件表面的加工质量和生产率。

8. 批量生产的工件,首件应送检。在确认合格后方可继续加工。精车完的工件要注意进行防锈处理。

9. 毛坯、半成品和成品应分开放置。半成品和成品应堆放整齐、轻拿轻放,严防碰伤已加工表面。

10. 图样、工艺卡片应放置在便于阅读的位置,并注意保持其清洁和完整。

11. 使用切削液前,应在床身导轨上涂润滑油。若车削铸铁或经气割下料的工件应擦去导轨上的润滑油。铸件上的型砂、杂质应尽量去除干净,以免损坏床身导轨面。切削液应定期更换。

12. 工作场地周围应保持清洁、整齐,避免堆放杂物,防止绊倒。

13. 结束操作前应做的工作:(1)将所用过的物件擦净、归位;(2)清理车床,刷去切屑,擦净车床各部位的油污,按规定加注润滑油;(3)将床鞍摇至床尾一端,各转动手柄放到空挡位置;(4)把工作场地打扫干净;(5)关闭电源。

### 三、车床结构

1. 车床结构

如图 1-1 所示。

(1)主轴箱  主轴箱 1 固定在床身 8 的前端。其内装有主轴和变速、变向等机构,由电动机经变速机构带动主轴旋转,实现主轴运动,并获得所需转速及转向,主轴前端可安装三爪自定心、四爪单动卡盘等夹具,用以装夹工件。

(2)进给箱  进给箱 14 固定在床身 8 的左前侧面,它的功能是改变被加工螺纹的导程或机动进给的进给量。

(3)溜板箱  溜板箱 12 固定在床鞍 2 的底部。其功能是将进给箱传来的运动传递给刀架,使刀架实现纵向进给、横向进给快速移动或车螺纹。在溜板箱上装有各种手柄及按钮,可以方便其他的机床操作。

(4)床鞍　床鞍2位于床身8的中部,其上装有滑板3、回转盘7、小滑板6和刀架5,可使刀具做纵、横式斜向进给运动。

(5)尾座　尾座7安装在床身8的尾座导轨上,其上套筒可安装顶尖钻头。

(6)床身　床身8固定在床腿上9、13。床身是车床的基本支承件,车床的各个主要部件均安装在床身上。

2.参数

| | |
|---|---|
| 在床身上加工的最大直径/mm | 400 |
| 在刀架上加工的最大直径/mm | 210 |
| 主轴可通过的最大棒料直径/mm | 48 |
| 加工的最大长度/mm | 650,900,1 400,1 900 |
| 中心高/mm | 205 |
| 顶尖距/mm | 750,1 000,1 500,2 000 |
| 主轴转速范围/(r/min) | 10~1 400(24级) |
| 纵向进给量 | 0.028~6.33 |
| 横向进给量 | 0.014~3.16 |

3.机床附件的认知

机床附件如图2-11所示。

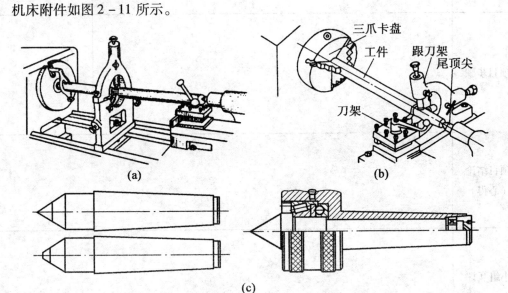

图2-11　机床附件

(a)中心架;(b)跟刀架;(c)顶尖

## 项目考核评价表

| 记录表编号 | | 操作时间 | 25 min | 姓名 | | 总分 | | |
|---|---|---|---|---|---|---|---|---|
| 考核项目 | 考核内容 | 要求 | 分值 | 评分标准 | | | 互评 | 自评 |
| 主要项目（80分） | 安全文明操作 | 安全控制 | 20 | 违反安全文明操作规程扣15分 | | | | |
| | 操作规程 | 理论实践 | 30 | 操作是否规范，适当扣5~10分 | | | | |
| | 操作能力 | 强 | 30 | 动手行为主动性，适当扣5~10分 | | | | |
| | 清洗打扫 | 正确 | 20 | 清洗是否干净，适当扣0~5分 | | | | |

## 项目报告单

| 项目 | |
|---|---|
| 班级 | 第____组　　组员 |
| 使用工具 | 说明 |
| 项目内容 | |
| 项目步骤 | |
| 项目结论（心得） | |
| 小组互评 | |

## 任务2　外圆类零件的加工

【学习任务单】

| 学习任务 | 车床外圆类零件加工基本操作 |
|---|---|
| 学习目标 | 1. 知识目标<br>　（1）掌握车床设备的使用规范与操作规程；<br>　（2）掌握在车床上加工轴类零件的外圆和端面的方法和步骤等。<br>2. 能力目标<br>　（1）能够根据加工需要正确选择刀具、量具、加工方案等；<br>　（2）能够对产品进行自检、互检。<br>3. 素质目标<br>　（1）培养学生在机床操作过程中具有安全操作和文明生产意识；<br>　（2）培养学生在整个机床操作过程中的团队协作意识和吃苦耐劳精神；<br>　（3）培养学生正确选择、刃磨、安装和使用刀具；<br>　（4）培养学生正确选择并熟练使用量具 |

一、任务描述

通过现场老师对实际案例（图纸）的加工操作演示使学生掌握 CA6140 车床车削外圆类零件的基本操作过程，能够根据加工需要正确选择、刃磨、安装和使用刀具，正确选择机床切削用量，并按图纸要求加工出合格的产品。

二、任务实施

1. 学生分组，每小组 3~5 人；
2. 车间现场设备讲解，并监督学生加工出合格产品；
3. 检查：以学生自检、互检、老师监督的形式对学生的产品进行评判；
4. 总结：给出训练成绩。

三、相关资源

1. 教材；
2. 教学课件；
3. 实训车间机床。

四、教学要求

1. 认真进行课前预习，充分利用教学资源；
2. 团队之间相互学习、相互借鉴，提高学习效率

【任务实施】

车外圆平面如图 2-12 所示。

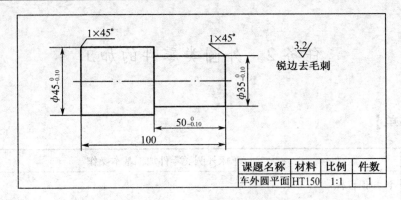

图 2-12 试车练习

## 一、端面加工

1. 启动车床:打开电源开关,检查红色急停按钮是否旋紧,若旋紧,再按下绿色按钮,车床启动;若没有旋紧,则先旋紧,再按下绿色按钮,车床启动。

2. 主轴调速:调速盘长杆对准红色小点,短杆对准 500 所在区间的黑色三角处,主轴转速即为 500 r/min。

3. 夹紧工件,并找正夹紧:先用卡盘扳手摇开三爪卡盘,将工件放进三爪卡盘内,一般卡在四到五个齿,然后摇紧三爪卡盘将工件固定,然后拉起正转拉杆使主轴转动,观察工件是否稳定,若安装稳定可继续往下进行;若没有安装稳定则重新装夹。

4. 用 45°车刀车端面。装夹刀具:将刀具固定在刀架上,拉动正转拉杆使主轴带动工件转动,看刀具刀尖与工件圆心是否在同一水平面上,以增减刀具下垫片的数量来调整刀具的高低,保持刀具刀尖在工件圆心水平面上,然后夹紧刀具。

5. 粗车端面,长 50 mm,留精车余量 1~2 mm;精车端面,长 50 mm,并倒角 1×45°。切削端面:将刀架旋转一个角度使刀尖突出,慢慢摇动大托盘使外圆刀与工件端面靠近,在看到工件端面上擦出一道光亮时停下,大托盘不动,转动中托盘使外圆刀退出,转动大托盘进给 1 个小格,长度切削 1 mm,推动机动手柄向前,使中托盘带动刀架和刀具自动纵向移动,外圆刀离工件中心 4~5 mm 时,停止机动进给,改为手动进给,即将到达工件中心时停止,用游标卡尺对工件长度进行测量,调整下一次进给量,然后再次切削。大托盘不动,转动中托盘使外圆刀退出,转动大托盘进给 1 个小格,长度切削 1 mm,推动机动手柄向前,使中托盘带动刀架和刀具自动纵向移动,外圆刀离工件中心 4~5 mm 时,停止机动进给,改为手动进给,即将到达工件中心时停止,用游标卡尺对工件长度进行测量。若最后测量结果符合要求,此步骤完成;若测量结果尚未达到要求,则须根据测量结果再次进给,直到达到标准为止。

6. 停止:拉动正转拉杆使机床主轴停止转动,同时转动中托盘和大托盘进行退刀。

## 二、外圆加工

1. 粗车外圆 φ45,留精车余量 1~2 mm。转动大托盘使刀具靠近工件,然后转动中托盘使刀具缓缓贴近工件外圆面,看到工件表面擦出一道亮光时停止,中托盘不动,转动大托盘使刀具退出,然后转动中托盘进行进给,转动中托盘3个小格,即0.15 mm,直径切削0.3 mm。推动机动手柄向左,使中托盘带动刀具向左自动切削,切削到距离20 mm还剩1～2小格时推动机动手柄停止自动进给,改为手动进给,然后拉动正转拉杆,停止主轴转动,用千分尺进行测量,调整下次切削量,然后再次进给,中托盘不动,转动大托盘使刀具退出,然后转动中托盘进行进给,转动中托盘3个小格,即0.15 mm,直径切削0.3 mm。推动机动手柄向左,使中托盘带动刀具向左自动切削,切削到距离20 mm还剩1～2小格时推动机动手柄停止自动进给,改为手动进给,然后拉动正转拉杆,停止主轴转动,用千分尺进行测量,若最后测量结果符合要求此步骤完成;若测量结果尚未达到要求,则须根据测量结果再次进给直到达到标准为止。

2. 精车外圆 $\phi 45_{-0.10}$。

3. 停止:拉动正转拉杆使机床主轴停止转动,先转动中托盘,然后再转动大托盘,进行退刀。

4. 调头夹住外圆 $\phi 45$ 一端,并找正夹紧。

5. 粗车平面和 $\phi 35$ 外圆(外圆和总长均留精车余量)。

6. 精车平面和外圆 $\phi 35_{-0.10}$,长 $L = 50_{-0.10}$ mm,并倒角 $1 \times 45°$。

7. 检查质量合格后取下工件。

8. 关闭电源开关,取下工件。

9. 清扫:将工具放在指定位置,清扫铁屑,擦拭机床,给机床上油。

### 三、注意事项

1. 台阶平面和外圆相交处要清角,防止产生凹坑和出现小台阶。
2. 多台阶工件的长度测量,应从一个基面量起,以防累积误差。
3. 平面与外圆相交处出现较大圆弧的原因是刀尖圆弧较大或刀尖磨损。
4. 使用游标卡尺测量工件时,松紧程度要适当。
5. 车未停稳,不能使用游标卡尺测量工件。
6. 从工件上取下游标卡尺时,应把紧固螺钉拧紧,以防副尺移动,影响读数的正确性。

## 【相关知识】

### 一、车外圆、平面和台阶

1. 粗车和精车的概念

(1) 粗车

在车床动力条件许可时,通常采用深度切削和大进给量的方式,转速不宜过快,以合理时间尽快把工件余量车掉。因为粗车对切削表面没有严格要求,只需留一定的精车余量即可。由于粗车切削力较大,工件装夹必须牢靠。粗车的另一作用是及时发现毛坯材料内部的缺陷,如夹渣、砂眼、裂纹等,也能清除毛坯工件内部残余的应力、防止变形等。

(2)精车

精车是指车削的末道加工。为了使工件获得准确的尺寸和规定的表面粗糙度,操作者在精车时,通常把车刀修磨得锋利些,车床转速选得高些,进给量选得小些。

2. 用手动进给车外圆、平面和倒角

(1)车平面的方法

开动车床使工件旋转,移动小滑板或床鞍控制吃刀量,然后锁紧床鞍,摇动中滑板丝杠进给,由工件外向中心、由工件中心向外车削,如图2-13所示。

(2)车外圆的方法

①移动床鞍至工件右端,用中滑板控制吃刀量,摇动小滑板丝杠或床鞍做纵向移动车外圆,如图2-14所示。一次进给车削完毕,横向退出车刀,再纵向移动刀架滑板或床鞍至工件右端进行第二、第三次进给车削,直至符合图样要求为止。

②在车外圆时,通常要进行试切削和试测量。其具体方法是根据工件直径余量的1/2做横向进刀,当车刀在纵向外圆上移动至2 mm左右时,纵向快速退出车刀(横向不动),然后停车测量,如图2-15所示,如尺寸已符合要求,就可切削。否则,可以按上述方法继续进行试切削和试测量。

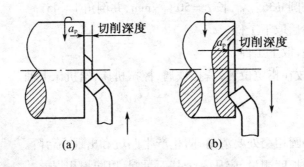

图2-13 横向进给车端面
(a)由工件外向中心车削;(b)由工件中心向外车削

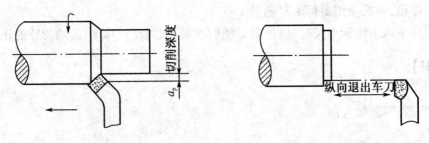

图2-14 纵向移动车外圆　　　图2-15 试切削外圆

③为了确保外圆的车削长度,通常先采用刻线痕法(图2-16),后采用测量法进行,即在车削前根据重要的长度,用钢直尺、样板、卡钳及刀尖在工件表面上刻一条线痕,然后根据线痕进行车削,当车削完毕时,再用钢直尺或其他量具复测。

(3) 倒角

当平面、外圆车削完毕,移动刀架,使车刀的刀刃与工件外圆成45°夹角(45°外圆刀已和外圆成45°夹角),再移动床鞍至工件外圆和平面相交处进行倒角。1×45°是指倒角在外圆上的轴向长度为1 mm。

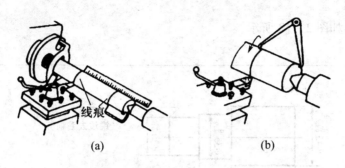

图 2-16　刻线痕确定车削长度

(a)用钢直尺和样板刻线痕;(b)用内卡钳在工件上刻线痕

## 二、刻度盘的计算和应用

车削工件时,为了准确和迅速地掌握切削深度,通常用中滑板或小滑板的刻度盘作为进刀的依据。

中滑板的刻度盘装在横向进给丝杠端头上,当摇动横向进给丝杠一圈时,刻度盘也随之转一圈,这时固定在中滑板上的螺母就带动中滑板、刀架及车刀一起移动一个螺距。如果中滑板丝螺距为5 mm,刻度盘分为100格,当手柄摇转一圈时,中滑板就移动5 mm,当刻度盘每转过一格时,中滑板移动量则为0.05 mm(5÷100 = 0.05 mm)。

小滑板的刻度盘可以用来控制车刀短距离的纵向移动,其刻度原理与中滑板的刻度盘相同。

转动中滑板丝杠时,由于丝杠与螺母之间的配合存在间隙,滑板会产生空行程(丝杠带动刻度盘已转动,而滑板并未立即转动),所以使用刻度盘时要反向转动适当角度,消除配合间隙,然后再慢慢转动刻度盘到所需的格数,如图2-17(a)所示。如果多转动了几格,绝不能简单地退回,如图2-17(b)所示。而必须向相反方向退回全部空行程,再转到所需要的刻度位置,如图2-17(c)所示。

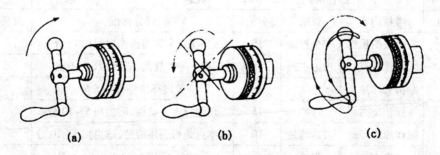

图 2-17　消除刻度盘空行程的方法

由于工件是旋转的,用中滑板刻度盘指示切削深度,实现横向进刀后,直径上被切除的金属层是切削深度的2倍,因此当已知工件外圆还剩余加工余量时,中滑板刻度控制的切削深度不能超过此时加工余量的1/2;而小滑板刻度盘的刻度值则直接表示工件长度方向的切除量。

## 【任务拓展】

车台阶工件,如图2-18所示。

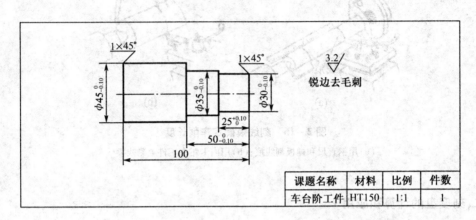

图2-18 试车练习

车台阶工件加工步骤:
(1)用三爪盘夹住工件,并找正夹紧。
(2)粗车平面及外圆 $\phi 45 \times 5$(留精车余量)。
(3)精车平面,外圆 $\phi 45_{-0.10}^{0}$,$L = 50$ mm 至尺寸要求,并倒角 $1 \times 45°$。
(4)调头夹住 $\phi 45$ 外圆,粗车 $\phi 35$,$L = 50$ mm,$\phi 30$,$L = 25$ mm 留有精车余量。
(5)精车平面及外圆 $\phi 35_{-0.10}^{0}$,$L = 50_{-0.10}^{0}$ mm;外圆 $\phi 30_{-0.10}^{0}$,$L = 25_{0}^{+0.10}$ mm 至尺寸。
(6)倒角 $1 \times 45°$,并去毛刺。
(7)检查合格取下工件。

**项目考核评价表**

| 记录表编号 | | 操作时间 | 25 min | 姓名 | | 总分 | | |
|---|---|---|---|---|---|---|---|---|
| 考核项目 | 考核内容 | 要求 | 分值 | 评分标准 | | | 互评 | 自评 |
| 主要项目<br>(80分) | 安全文明操作 | 安全控制 | 15 | 违反安全文明操作规程扣15分 | | | | |
| | 操作规程 | 理论实践 | 15 | 操作是否规范,适当扣5~10分 | | | | |
| | 拆卸顺序 | 正确 | 15 | 关键部位一处扣5分 | | | | |
| | 操作能力 | 强 | 15 | 动手行为主动性,适当扣5~10分 | | | | |
| | 工作原理理解 | 表达清楚 | 10 | 基本点是否表述清楚,适当扣5~10分 | | | | |
| | 清洗方法 | 正确 | 5 | 清洗是否干净,适当扣0~5分 | | | | |
| | 安装质量 | 高 | 5 | 多1件、少1件扣5分 | | | | |

**项目报告单**

| 项目 | | | | |
|---|---|---|---|---|
| 班级 | | 第_____组 | 组员 | |
| 使用工具 | | | | 说明 |
| 项目内容 | | | | |
| 项目步骤 | | | | |
| 项目结论（心得） | | | | |
| 小组互评 | | | | |

# 任务3　内孔类零件的加工

## 【实习任务单】

| 学习任务 | 车床内孔类零件加工基本操作 |
|---|---|
| 学习目标 | 1. 知识目标<br>　（1）掌握车床设备的使用规范与操作规程；<br>　（2）掌握在车床上打中心孔，车、钻内孔的加工。<br>2. 能力目标<br>　（1）能够根据加工需要正确选择刀具、量具、加工方案等；<br>　（2）能够对产品进行自检、互检。<br>3. 素质目标<br>　（1）培养学生在机床操作过程中具有安全操作和文明生产意识；<br>　（2）培养学生在整个机床操作过程中的团队协作意识和吃苦耐劳精神；<br>　（3）培养学生正确选择、刃磨、安装和使用刀具；<br>　（4）培养学生正确选择并熟练使用量具 |

## 一、任务描述

按图 2-19 完成加工操作。

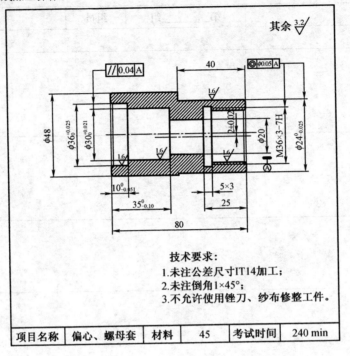

图 2-19 工件图

## 二、任务实施

1. 学生分组,每小组 3~5 人;
2. 车间现场设备讲解并监督学生加工出合格产品;
3. 检查:以学生自检、互检、老师监督的形式对学生的产品进行评判;
4. 总结:给出训练成绩。

## 三、相关资源

1. 教材;
2. 教学课件;
3. 实训车间机床。

## 四、教学要求

1. 认真进行课前预习,充分利用教学资源;
2. 团队之间相互学习、相互借鉴,提高学习效率

# 【任务实施】

## 一、下料

需要 45 号钢,$\phi 50$,长度 80 mm,此时需要用到锯床。

## 二、准备

准备好需要用到的材料、工具、车刀、外圆车刀、内螺纹刀、内圆刀、内切刀、钻头（φ28，φ31，φ20）、刀架扳手、卡盘扳手、量具、千分尺。

## 三、启动

首先拧开钥匙并按下绿色按钮。

调节车床转速，先转动大手柄使其对准相应的颜色（以红色为例），然后转动小手柄对准调速区域，则该区域内的对应颜色（红色）的速度为此时车床的转速，如图2-20所示。

图2-20 启动按钮

## 四、装夹工件

装夹零件毛坯料，将工件装夹在三爪卡盘上，将三爪卡盘夹紧，装夹的时候要注意，装夹大概30 mm外面留到45~50 mm，为了便于测量和加工。

启动主轴，使主轴正转，观察工件旋转状态是否均匀。均匀，则可以进行加工；不均匀，取下工件重新装夹，直至工件旋转均匀。

## 五、装夹刀具

启动主轴，使刀具对准工件中心，观察，若没对准中心，偏低，在下面加上垫片，偏高则取下垫片。

## 六、车断面

因为毛坯料断面不光滑，所以需要先车一下断面，下0.5 mm，不用车到中心，因为需要打孔。

首先进行端面对刀，使刀具与工件成45°夹角，向上扳动车床启动手柄开始车削，摇动大托柄和中托柄使刀具靠近工件端面，看到擦出一点亮光即可，然后大托柄不动，摇动中托柄使刀具离开端面，摇动大托柄进给1~2 mm，开启自动进给手柄向前推动，进行自动车削，快到端面中心停止自动进给，手动慢慢进给，中心留点余量，进行测量，保证长度，如果加工完成，则退出刀具，如果还需要加工，则继续重复以上操作。

## 七、车外圆

要求尺寸 $\phi 48$，毛坯料 $\phi 50$，车的时候一定要把握好尺寸，要求进度，更要求精度。

粗端要求长度 40 mm，车到 42~43 mm 为的是防止做另一端的时候有毛刺儿。

开始车外圆，先对刀，摇动大手柄和中手柄使刀具靠近工件外圆，在刀具外圆稍擦出一点亮光就可以了，然后中手柄不动，摇动大托柄使刀具离开外圆，将刀具退出，摇动中手柄进给一定的量，开启自动进给手柄向左推动，进行自动车削，快到切削尺寸处留有 3~5 mm，停止自动进给，手动慢慢进给，中手柄不动，摇动大托柄使刀具离开，然后进行测量，直到达到要求的尺寸即可退出刀具。

## 八、钻孔、车孔

打孔，首先安装 28 mm 钻头，钻头打深度为 35 mm 的（一圈 5 mm）孔，钻的时候调节转速为 180 转或 220 转，还要加冷却液进行冷却，使冷却液喷向钻头接触处，卡钻头的底座，转一整圈进 5 mm，所以 35 mm，6 圈半就可以了。

将钻头安装在尾座上并锁死，使钻头对准工件中心，然后将尾座锁死，摇动尾座摇柄使钻头靠近工件，摇柄每转动一圈，进给量为 5 mm，进行车削，主轴转速调为 180~280 r/min，启动车床，转动摇柄使钻头靠近工件进行钻孔，每钻入一些尺寸就停止车床退出钻头进行退屑，然后进行测量，如图 2-21 所示。如果没有精度要求，可以直接进行钻孔，如果有精度要求，则要留出加工余量。

图 2-21 测量

车粗端内圆，内孔长度 35 mm，直径 30 mm，长度 10 mm，直径 36 mm 的内阶梯，转速 500 r/min。一定要倒角 45°。

调整转速 500 r/min，夹装内孔车刀进行对刀，使内孔刀尖在工件中心以上不可偏下。进行内孔对刀，看到刀尖接触内孔有一点刮痕就摇动大手柄横向退出刀具，调整中托板向后进给 1~2 mm 启动机动进给，深度 35 mm，中托板不动进行退刀。中托板再向左转 6~7 个小格重复车削，测量。最后剩 0.2~0.3 mm 调好数值一次车完，进行退刀，车削完成。

## 九、停止

停止主轴转动，卸下工件和刀具，关闭电源。

## 十、收尾

清理工作台,上油保养。

## 【相关知识】

### 一、钻中心孔

1. 中心孔的种类

中心孔按形状和作用可分为4种:A型、B型、C型和R型。

A型和B型为常用的中心孔,C型为特殊中心孔,R型为带圆弧形中心孔,如图2-22所示。

2. 各类中心孔的作用

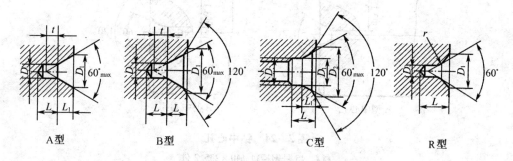

图2-22 中心孔的种类

A型中心孔由圆柱部分和圆锥部分组成,圆锥孔为60°,一般适用于不需多次装夹或不保留中心孔的零件。

B型中心孔是在A型中心孔的端部多一个120°的圆锥孔,目的是保护60°锥孔,不使其被刮伤。一般适用于多次装夹的零件。

C型中心孔外形似B型中心孔,里端有一个比圆柱孔还要小的内螺纹,它用于工作之间的紧固连接。

R型中心孔是将A型中心孔的圆锥母线改为圆弧线,以减少中心孔与顶尖的接触面积,减少摩擦力,提高定位精度。

这4种中心孔的圆柱部分作用是储存油脂,保护顶尖,使顶尖与锥孔60°配合贴切,圆柱部分的直径也就是选取中心钻的基本尺寸。

3. 中心钻

中心孔通常用中心钻钻出,常用的中心钻有A型和B型两种,如图2-23所示。

制造中心钻的材料一般为高速钢。

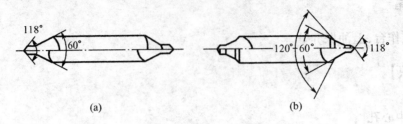

图 2-23 中心钻
(a) A 型中心钻；(b) B 型中心钻

零件图样如图 2-24 所示。

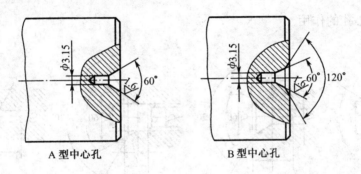

A 型中心孔　　　　B 型中心孔

图 2-24 钻中心孔

材料:45 号钢棒料 $\phi 40 \times 235$，2 件

### 4. 钻中心孔的方法

(1) 中心钻装在钻夹头上，用钻夹头钥匙，如图 2-25(a) 所示。逆时针方向旋转钻夹头的外套，使钻夹头三个爪张开，然后将中心钻插入三个夹爪中间，再用钻夹头钥匙顺时针方向转动钻夹头外套，通过三个夹爪将中心钻夹紧，如图 2-25(b) 所示。

(2) 钻夹头在尾座锥孔中安装，先擦净钻夹头柄部和尾座锥孔，然后用左手推钻夹头，沿尾座套轴线方向将钻夹头锥柄部用力插入尾座套锥孔中，如钻夹头柄部与车床尾座锥孔大小不吻合，可增加一合适过渡锥套后再插入尾座套筒的锥孔内，如图 2-25(c) 所示。

(3) 校正尾座中心，工作装夹在卡盘上，启动车床，移动尾座，使中心钻接近工件端面，观察中心钻钻头是否与工件旋转中心一致，然后紧固尾座。

(4) 转速的选择和钻削。由于中心钻直径小，钻削时应取较高的转速，进给量应小而均匀，切勿用力过猛，当中心钻钻入工件后应及时加切削液，冷却润滑。钻毕时，中心钻在孔中应稍作停留，然后退出，以修光中心孔，提高中心孔的形状精度和表面质量。

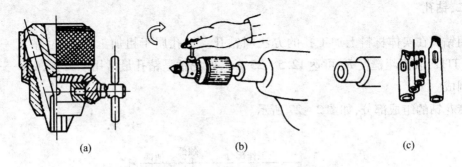

**图 2-25 用钻夹头安装中心钻**
(a)钻夹头；(b)中心钻安装；(c)过渡锥套

5. 注意事项

(1) 中心钻轴线必须与工件旋转中心一致。
(2) 工件端面必须车平，不允许留凸台，以免钻孔时中心钻折断。
(3) 注意中心钻的磨损状况，磨损后不能强行钻入工件，避免中心钻折断。
(4) 及时进退，以便排除切屑，并及时注入切削液。

6. 技能训练

钻中心孔，如图 2-26 所示。

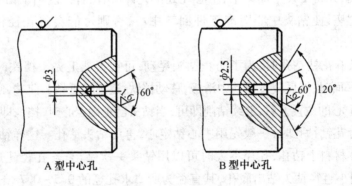

A 型中心孔　　　　B 型中心孔

**图 2-26 钻中心孔**

7. 原因分析

(1) 中心钻易折断的原因：①工件平面留有小凸头，使中心钻偏斜；②中心钻未对准工件旋转中心；③移动尾座时不小心撞断；④转速太低，进给太大；⑤铁屑堵塞，中心钻磨损。

(2) 中心孔钻偏或钻得不圆的原因：①工件弯曲未找正，使中心孔与外圆产生偏差；②紧固力不足，工件移位，造成中心孔不圆；③工件太长，旋转时在离心力的作用下，易造成中心孔不圆。

(3) 中心孔钻得太深，顶尖不能与 60°锥孔接触，影响加工质量。

(4) 车端面时，车刀没有对准工件旋转中心，使刀尖碎裂。

(5) 中心钻圆柱部分修磨后变短，造成顶尖跟中心孔底部相碰，从而影响质量。

## 二、钻孔

用钻头在实体材料上加工孔的方法叫钻孔。钻孔属于粗加工,其尺寸精度一般可达 IT11~IT12,表面粗糙度 $R_a$ 可达 12.5~25 μm,麻花钻是钻孔最常用的刀具,钻头一般用高速钢制成。

麻花钻的组成部分,如图 2-27 所示。

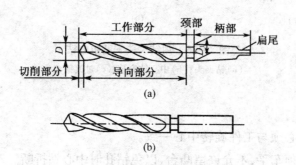

**图 2-27 麻花钻的组成**
(a)锥柄;(b)直柄

### 1. 钻孔的方法

(1)钻孔前,先将工件平面车平,中心孔处不允许留有凸台,以利于钻头正确定心。

(2)找正尾座,使钻头中心对准工件回转中心,否则可能会将孔径钻大、钻偏甚至断钻头。

(3)用细长麻花钻钻孔时,为了防止钻头晃动,可在刀架上夹一挡铁,如图 2-28 所示。支顶钻入工件平面时,然后缓慢摇动中滑板,移动挡铁,逐渐接近钻头前端,使钻头中心稳定地落在工件回转中心的位置上后,继续钻削即可,当钻头已正确定心时,挡铁即可退出。

(4)用小麻花钻钻孔时,一般先用中心钻定心,再用钻头钻孔。这样钻孔,同轴度较好。

(5)在实体材料上钻孔,孔径不大时可以用钻头一次钻出;若孔径超过 30 mm,应分两次钻出,即先用小直径钻头钻出底孔,其直径为所要求孔径的 0.5~0.7 倍。

(6)钻孔后需铰孔工件,由于所需留铰削的余量较少,因此,钻孔时,当钻头钻进工件 1~2 mm 后,应将钻头退出,停车检查孔径,防止因孔径大没有铰削余量而报废。

(7)钻盲孔与钻通孔的方法基本相同,只是钻孔时需要控制孔的深度,常用的控制方法是钻削开始时,摇动尾座手轮,当麻花钻切削部分(钻尖)切入工件端面时,用钢直尺测量尾座套筒的伸出长度,钻孔时用套筒伸出的长度加上孔深控制尾座套筒的伸出量,如图 2-29 所示。

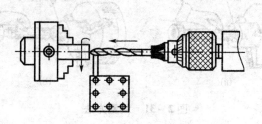
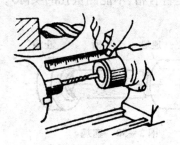

图 2-28　用挡铁支顶钻头　　　　　图 2-29　钻盲孔的深度

2. 注意事项

(1) 起钻时进给量要小,在钻头切削部分全部进入工件后方可正常钻削。

(2) 钻通孔将要钻穿工件时,进给量小,以防钻头折断。

(3) 钻小孔或钻较深的孔时,必须经常退出钻头清除切屑,防止因切屑堵住而造成钻头被咬死或折断。

(4) 钻削钢料时,必须充分灌注切削液冷却钻头,以防钻头发热退火。

### 三、车直(通)孔

1. 车直孔的方法

(1) 直通孔的车削基本上与车外圆相同,只是进刀与退刀的方向相反。

(2) 在粗车或精车时,也要进行试切削,其横向进给量为径向余量的 1/2。当车刀纵向进给切削 2 mm 长时,纵向快速退出车刀(横向应保持不动),然后停车测试,如果尺寸未至要求,则需微调横向进给,不断试车、试测,直至符合孔径精度要求为止。

(3) 车孔时的切削用量应比车外圆时小一些,尤其是车小孔或深孔时,其切削用量应更小。

2. 孔径的测量

孔径尺寸的测量应根据工件孔径尺寸的大小、精度以及工件数量,采用相应的量具进行。当孔的精度要求较低时,可采用钢直尺、游标尺测量;当孔的精度要求较高时,可采用下列方法测量。

(1) 用塞规检测

塞规由通端、止端和手柄组成,如图 2-30 所示。测量方便,效率高,主要用在成批生产中。塞规的通端尺寸等于孔的最小极限尺寸,止端尺寸等于孔的最大极限尺寸。测量时,通端能塞入孔内,止端不能塞入孔内,则说明孔径尺寸合格,如图 2-31 所示。

塞规通端的长度比止端的长度长,一方面便于修磨通端以延长塞规使用寿命,另一方面则便于区分通端和止端。

测量盲孔用的塞规,在通端和止端的圆柱面上沿轴向检测时,塞规轴线应与孔轴线一致,不可歪斜,不允许硬塞,将塞规强行塞入孔内,不准敲击塞规。

不要在工件还未冷却到室温时,用塞规检测。塞规是精密的界限量规,只能用来判断孔径是否合格,不能测量孔的实际尺寸。

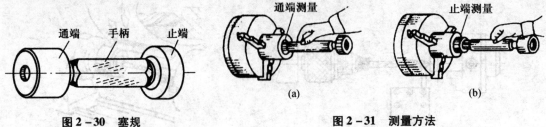

图2-30 塞规　　　　　图2-31 测量方法

(2)用内测千分尺测量

内测千分尺是内径千分尺的一种特殊形式,其线方向与外径千分尺相反,内测千分尺的测量范围为5~10 mm和25~50 mm,其分度值为0.01 mm。内测千分尺的使用方法与使用Ⅲ型游标卡尺的内外测量爪测量内径尺寸的方法相同,如图2-32所示。

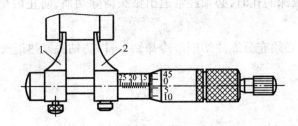

图2-32 内测千分尺及其使用

1—固定量爪；2—活动量爪

### 3. 注意事项

(1)注意中滑板进退方向和车外圆相反。

(2)在孔内取出塞规时,应注意安全,防止与内孔刀碰撞。

(3)用塞规检查孔径时,塞规不能倾斜,以防造成孔小的错觉,把孔径车大;相反,在孔径小时,不能用塞规硬塞,更不能用力敲击。

(4)车削铸铁内孔至接近孔径尺寸时,不要用手去抚摸,以防增加车削困难。

(5)精车内孔时,应保持刀刃锋利,否则容易产生让刀把孔车成锥形的情况。

## 四、车台阶孔、平底孔

### 1. 车台阶孔的方法

(1)车削直径较小的台阶孔时,由于观察困难,尺寸精度不易控制,所以,常采用先粗、精车小孔,再粗、精车大孔的顺序进给加工。

(2)车大的台阶孔时,在便于测量小孔尺寸且视线又不受影响的情况下,一般先粗车大孔和小孔,再精车大孔和小孔。

(3)车大、小孔径相差较大的台阶孔时,最好先使用主偏角略小于90°(一般$K_r^1=85°$~88°)的车刀进行粗车,然后用盲孔车刀(内偏刀)精车至要求。如果直接用内偏刀车削,切削深度不可太大，否则刀尖容易损坏，其原因是刀尖处于刀刃的最前端，切削时刀尖先切入工件，因此承受切削抗力最大，加上刀尖本身强度较差，所以容易碎裂；其次由于刀柄细长，在轴向抗力的作用下，切削深度大容易产生振动和扎刀。

（4）车孔深度的控制。粗车时常采用的方法：①在刀柄线痕上做记号，如图2-33所示；②装夹车孔刀时，安放限位铜片，如图2-34所示；③利用床鞍刻度盘的线控制。精车时常采用的方法：①利用小滑板刻度盘的刻线控制；②用深度游标卡尺测量控制。

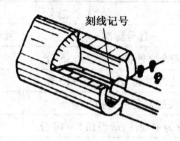
图2-33 在刀柄上刻线痕控制孔深

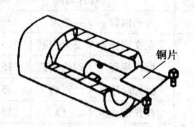
图2-34 用限位铜片控制孔深

2. 内径百分表的测量方法

内径百分表结构如图2-35所示，百分表装夹在测架1上，触头（活动测量头）6通过摆动块7和杆3将测量值1:1传递给百分表。测量头5可根据被测孔径大小更换，定心器4用于使触头自动位于被测孔的直径位置。

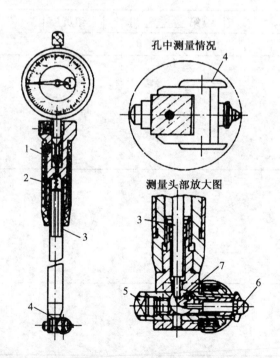
图2-35 内径百分表
1—测架；2—弹簧；3—杆；4—定心器；5—测量头；6—触头；7—摆动块

内径百分表是利用对比法测量孔径的,测量前应根据被测孔径用千分尺将内径百分表对准零位。测量时,为了得到准确的尺寸,活动测量头应在径向方向摆动找正最小值。这个值即为孔径基本尺寸的偏差值。并由此计算出孔径的实际尺寸。内径百分表主要用于测量精度要求较高而且又较深的孔。

**项目考核评价表**

| 记录表编号 | | 操作时间 | 25 min | 姓名 | | 总分 | | |
|---|---|---|---|---|---|---|---|---|
| 考核项目 | 考核内容 | 要求 | 分值 | 评分标准 | | | 互评 | 自评 |
| 主要项目<br>(80分) | 安全文明操作 | 安全控制 | 15 | 违反安全文明操作规程扣15分 | | | | |
| | 操作规程 | 理论实践 | 15 | 操作是否规范,适当扣5~10分 | | | | |
| | 拆卸顺序 | 正确 | 15 | 关键部位一处扣5分 | | | | |
| | 操作能力 | 强 | 15 | 动手行为主动性,适当扣5~10分 | | | | |
| | 工作原理理解 | 表达清楚 | 10 | 基本点是否表述清楚,适当扣5~10分 | | | | |
| | 清洗方法 | 正确 | 5 | 清洗是否干净,适当扣0~5分 | | | | |
| | 安装质量 | 高 | 5 | 多1件、少1件扣5分 | | | | |

**项目报告单**

| 项目 | |
|---|---|
| 班级 | 第_____组　组员 |
| 使用工具 | 说明 |
| 项目内容 | |
| 项目步骤 | |
| 项目结论<br>(心得) | |
| 小组互评 | |

## 【任务拓展】

钻孔练习如图 2-36 所示。

加工步骤如下：

(1) 夹住工件外圆找正夹紧。

(2) 在尾座套筒内装 φ18 麻花钻。

(3) 钻 φ18 通孔。

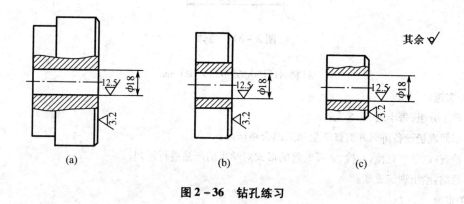

图 2-36 钻孔练习

# 任务 4　内孔类圆锥零件的加工

## 【实习任务单】

| 学习任务 | 车床内孔类圆锥零件加工基本操作 |
| --- | --- |
| 学习目标 | 1. 知识目标<br>　(1) 掌握车床设备的使用规范与操作规程；<br>　(2) 掌握在车床上打中心孔，车、钻内孔的加工。<br>2. 能力目标<br>　(1) 能够根据加工需要正确选择刀具、量具、加工方案等；<br>　(2) 能够对产品进行自检、互检。<br>3. 素质目标<br>　(1) 培养学生在机床操作过程中具有安全操作和文明生产意识；<br>　(2) 培养学生在整个机床操作过程中的团队协作意识和吃苦耐劳精神；<br>　(3) 培养学生正确选择、刃磨、安装和使用刀具；<br>　(4) 培养学生正确选择并熟练使用量具 |

# 一、任务描述

锥体加工如图 2-37 所示。

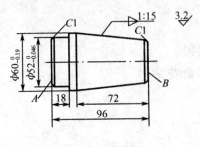

图 2-37 锥体

材料：HT150 $\phi 65$ mm × 100 mm

# 二、任务实施

1. 学生分组，每小组 3~5 人；
2. 车间现场设备讲解并监督学生加工出合格产品；
3. 检查：以学生自检、互检、老师监督的形式对学生的产品进行评判；
4. 总结：给出训练成绩。

# 三、相关资源

1. 教材；
2. 教学课件；
3. 实训车间机床。

# 四、教学要求

1. 认真进行课前预习，充分利用教学资源；
2. 团队之间相互学习、相互借鉴，提高学习效率

# 【任务实施】

## 一、实操过程

锥体加工如图 2-37 所示。

1. 启动机床，打开机床左侧红色按钮→急停开关→绿色按钮。
2. 调整主轴转速为 500 r/min，长杆指向红色 560，短杆指向黑色 500。
3. 装夹工件，将工件装置在三爪卡盘上，夹紧在尾座上面装上顶座，伸出长度 25 mm 左右，顶住工件，校正，锁牢，夹紧。启动机器，观察其稳定性，稳定即可。同理，若不稳定，用扳手卸下重新安装并调整。
4. 装夹刀具：退下尾座夹刀。装夹外圆刀，垫垫片启动机床，使刀尖高度对准铁柱圆心后，夹紧即可；装夹圆弧刀，使刀的弧对准工件严密即可。
5. 车端面 A：在转速为 500 r/min 的情况下用外圆刀切削外皮。先对刀，启动机床，转动大托板使刀尖贴到端面，听到摩擦的声音后，在大托板上边调整一个整数退出。逆时针转

动中托板、逆时针转动大托板,然后顺时针转动中拖板,使刀尖贴到圆铁上面,听见摩擦的声音即可,退刀。目标:长 96 mm 至要求,转动中拖板往里面进入一个大格,也就是 1 mm,大托板进入 18 mm 即可,进刀,当进去到 18 mm 原数退刀。用游标卡尺测量读数为 18 mm。粗、精外圆 $\phi 520_{-0.046}$,倒角 C1。使圆柱为长度 96 mm,外圆 $\phi 520_{-0.046}$。

6. 调头夹持 $\phi 520_{-0.046}$ 外圆,长 15 mm 左右,校正并夹紧。

7. 车端面 B,保持总长 96 mm,粗、精车外圆 $\phi 600_{-0.19}$ 至要求。

8. 小滑板的松紧,不能过紧也不能过松。确定滑板转动的角度为圆锥半角的 $\alpha/2$ ($\alpha/2 = 1°54'33''$),锁紧。粗车外圆锥面。找正锥度,小滑板找正锥度,用锥形套规找正,较大的角度用角度尺。在圆柱尖头画线转动套规找正角度,在最大端或最小端的直径处,找正毛坯直径的圆锥大端放出 1 mm 的余量,把小滑板转过半角 $1°54'33''$,转动小滑板应大过圆锥半角,螺母松开,用铜块敲打,用手指测量,用套规观察,或用万能角度尺检测圆锥半角,并调整小滑板转角。

9. 开始,向前进刀,在自动进刀的同时,慢慢转动小托板,保持光滑度,接着进刀、退刀,利用模数公式进行测量。精车圆锥面至尺寸要求。

10. 倒角 C1 去毛刺。卸下工件,卸刀。

11. 检查各尺寸合格后卸下工件。

12. 关闭机床,关闭红色总按钮。清扫、整理车床,摆放物品、工具。

## 二、注意事项

1. 车刀必须对准工件旋转中心,避免产生双曲线误差,可通过把车刀对准实体圆锥体零件端面中心来对刀。

2. 单刀刀刃要始终保持锋利,工件表面一刀车出。

3. 应两手握小拖板手柄,均匀移动小拖板。

4. 要防止扳手在扳小拖板紧固螺帽时打滑而撞伤手。粗车时,吃刀量不宜过长,应先校正锥度,以防工件车削不到而报废,一般留精余量 0.5 mm。

5. 在转动小拖板时,应稍大于圆锥斜角 $\alpha$,然后逐次校准,当小拖板角度调整到相差不多时,只需把紧固螺母稍松一些,用左手大拇指放在小拖板转盘和刻度之间,消除中拖板间隙,用铜棒轻轻敲击小拖板所需校准的方向,使手指感到转盘的转动量,这样可较快地校正锥度。

6. 小拖板不宜过松,以防工件表面车削痕迹粗细不一。

## 【相关知识】

### 一、转动小滑板车外圆锥面

转动小滑板时,将小滑板沿顺时针或逆时针方向按工件的圆锥半角 $\alpha/2$ 转动一个角度,使车刀的运动轨迹与所需加工圆锥在水平轴平面内的素线平行,用双手配合均匀不间断转动小滑板手柄,手动进给车削圆锥面的方法,如图 2-38 所示。

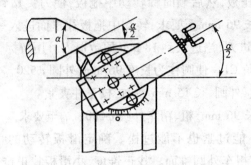

**图 2-38 转动小滑板车圆锥面**

1. 转动小滑板车外圆锥面的特点

(1)能车削圆锥角 α 较大的圆锥面。

(2)能车削整圆锥表面和圆锥孔,应用范围广,且操作简单。

(3)在同一工件上车削不同锥角的圆锥面时,调整角度方便。

(4)只能手动进给,劳动强度大,工件表面粗糙度值较难控制,只适用于单件、小批量生产。

(5)受小滑板行程的限制,只能加工素线长度不长的圆锥面。

2. 转动小滑板的方法

(1)用扳手将小滑板下面转盘上的两个螺母松开。

(2)按工件上外圆锥面的倒、顺方向确定小滑板的转动方向。车削正外圆锥(又称顺锥)面,即圆锥大端靠近主轴,小端靠近尾座方向,小滑板应逆时针方向转动,如图 2-39 所示;车削反外圆锥(又称倒锥)面,小滑板则应顺时针方向转动。

(3)根据确定的转动角度($\alpha/2$)和转动方向转动小滑板至所需位置,使小滑板基准零线与圆锥半角 $\alpha/2$ 刻线对齐,然后锁紧转盘上的螺母。

(4)当圆锥半角 $\alpha/2$ 不是整数值时,其小数部分用目测的方法估计,大致对准后再通过试车逐步找正,转动小滑板时,可以使小滑板转角略大于圆锥半角 $\alpha/2$,但不能小于 $\alpha/2$。转角偏小会使圆锥素线车长而难以修正圆锥长度尺寸,如图 2-40 所示。

3. 粗车外圆锥面

(1)按圆锥大端直径(增加 1 mm 余量)和圆锥长度将圆锥部分先车成圆柱体。

(2)移动中、小滑板,使车刀刀尖与轴端外圆面轻轻接触,如图 2-41 所示,然后将小滑板向后退出,中滑板刻度至零位,作为粗车外圆锥面的起始位置。

(3)按刻度移动中滑板向前进切并调整吃刀量,开动车床,双手交替转动小滑板手柄,手动进给速度应保持均匀一致和不间断。如图 2-42 所示,当车至终端,将中滑板退出,小滑板快速退复位。

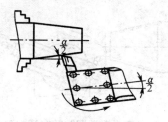

图 2-39 车正外圆锥面

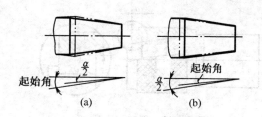

图 2-40 小滑板转动角度的影响
(a)起始角大于 $\alpha/2$;(b)起始角小于 $\alpha/2$

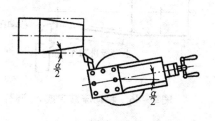

图 2-41 确定起始位置

图 2-42 手动进给车外圆锥面

(4)反复步骤(3),调整吃刀量,手动进给车削外圆锥面,直至工件能塞入套规约 1/2 为止。

(5)用套规、样板或万能角度尺检测圆锥锥角,找正小滑板转角。

(6)找正小滑板转角后,粗车圆锥面,留精车余量 0.5~1 mm。

### 4. 精车外圆锥面

小滑板转角调整准确后,精车外圆锥面主要是提高工件的表面质量和控制外圆锥面的尺寸精度,因此精车外圆锥面时,车刀必须锋利、耐磨,进给必须均匀、连续。其切削深度的控制方法如下。

(1)先测量出工件小端端面至套规过端面的距离 $a$(图 2-43),用下式计算出切削深度

$$a_p = a\tan(\alpha/2)$$

或

$$a_p = a \times c/2$$

然后移动中、小滑板,使刀尖轻轻接触工件圆锥小端外圆表面后,退出小滑板,中滑板按 $a_p$ 值进切,小滑板手动进给精车外圆锥面至尺寸,如图 2-44 所示。

(2)根据量出距离法控制 $a$,用移动鞍的方法控制切削深度 $a_p$,使车刀刀尖轻轻接触工件圆锥小端外圆锥面,向后退出小滑板使车刀沿轴向离开工件端面一个距离 $a$,小滑板沿电轨方向移动距离为 $a\sec\alpha$,调整前应先消除小滑板丝杠间隙,如图 2-45 所示,然后移动床鞍,使车刀与工件端面接触,如图 2-46 所示,虽然没有移动中滑板,但车刀已经切入了一个所需的切削深度 $a_p$。

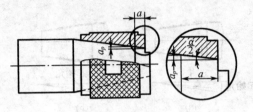 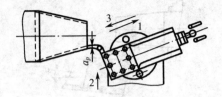

图 2-43 用套规测量　　　　图 2-44 用中滑板调整精车切削深度 $a_p$

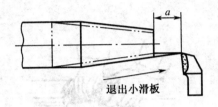 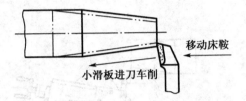

图 2-45 用退出小滑板调整精车切削深度 $a_p$　　　图 2-46 移动床鞍完成 $a_p$ 调整

## 二、偏移尾座车削圆锥面

偏移尾座法车削外圆锥面,就是将尾座上层滑板横向偏移一个距离 $S$,使尾座偏移后,前后两顶尖连线与车床主轴轴线相交成一个等于圆锥半角 $\alpha/2$ 的角度,当床鞍带着刀沿着平行于主轴轴线方向移动切削时,工件就车成一个圆锥体,如图 2-47 所示。

1. 偏移尾座车外圆锥面的特点

(1) 适宜于加工锥度小、精度不高、锥体较长的工件。受尾座移量的限制,不能加工锥度大的工件。

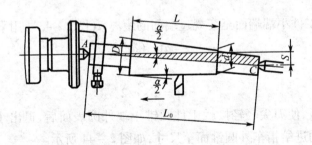

图 2-47 偏移尾座车外圆锥面

(2) 可以用纵向机动进给车削,使加工表面刀纹均匀,表面粗糙度值小,表面质量较好。

(3) 由于工件需用两顶尖装夹,因此不能车削整锥体,也不能车削圆锥孔。

(4) 因顶尖在中心孔中是歪斜的,接触不良,所以,顶尖中心孔磨损不均匀。

2. 尾座偏移量的计算

用偏移尾座法车削圆锥时,尾座的偏移量不仅与圆锥长度有关,而且还与两顶尖之间

距离有关,这段距离一般可近似地看作工件的全长 $L_0$,尾座偏移量可根据下列公式计算求得

$$S = L_0 \tan(\alpha/2) = L_0(D-d)/(2L)$$

或

$$S = L_0 C/2$$

式中　$S$——尾座偏移量,mm;
　　　$D$——圆锥大端直径,mm;
　　　$d$——圆锥小端直径,mm;
　　　$L$——圆锥大端直径与小端直径处的轴向距离,mm;
　　　$L_0$——工件全长,mm;
　　　$C$——锥度。

先将前后两顶尖对齐,然后根据计算所得偏移量 $S$,采用以下几种方法偏移尾座上层。

(1) 利用尾座刻度偏移。

先松开尾座紧固螺母,然后用六角扳手转动尾座上层两侧螺钉 1,2,进行调整车削正锥时,先松螺钉 1,紧固螺钉 2,尾座上层根据刻度值向量移动距离 $S$,如图 2-48 所示,车削倒锥时则相反,然后拧紧尾座紧固螺母。

这种方法简单方便,一般尾座上有刻度的车床都可以采用。

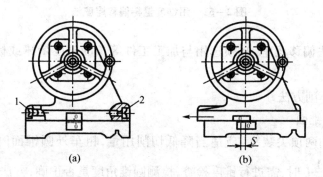

图 2-48　用尾座刻度偏移尾座的方法
(a) 零线对齐;(b) 偏移距离 $S$

(2) 利用中滑板刻度偏移。

在刀架上夹持一端面平整的铜棒,摇动中滑板手柄使铜棒端面与尾座套筒接触,记下中滑板刻度值,根据计算所得偏移量 $S$ 算出中滑板丝杠的间隙影响,然后移动尾座上层,使尾座套筒与铜棒端面接触停止,如图 2-49 所示。利用百分表能准确调整尾座偏移量。

(3) 利用百分表偏移。

将百分表固定在刀架上,使百分表的测量头与尾座套筒接触,调整百分表使指针处于零处,然后按偏移量调整尾座,当百分表指针转动至 $S$ 值时,把尾座固定,如图 2-50 所示。

(4) 利用锥度量棒或样件偏移

先将锥度量棒安装在两顶尖之间,在刀架上固定一百分表,使百分表测量头与锥度棒

素线接触,然后偏移尾座,纵向移动床鞍,使百分表在锥度量棒圆锥面两端的计数一致,然后固定尾座,如图 2-51 所示。

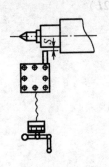
图 2-49 用中滑板刻度偏移尾座法

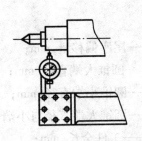
图 2-50 用百分表偏移尾座法

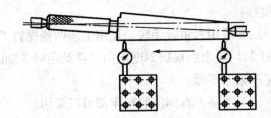
图 2-51 用锥度量棒偏移尾座法

使用这种方法偏移尾座,必须选用与加工工件等长的锥度量棒或标准件,否则加工出的锥度是不正确的。

3. 外圆锥的车削方法

(1) 粗车外圆锥面

由于工件采用两顶尖装夹,应适当降低切削用量,粗车外圆锥面时,可以采用机动进给,粗车圆锥面至 $\frac{1}{2}L$ 时,需进行锥度检查,检测圆锥角度是否正确,方法与转动小滑板法车外圆锥面的检测相同。若锥度 $C$ 偏大,则反向偏移,微量调整尾座,即减小尾座偏移量 $S$;若锥度 $C$ 偏小,则同向偏移,微量调整尾座,即增大了尾座偏移量 $S$。反复试车调整,直至圆锥角调整正确为止,然后粗车外圆锥面,留精车余量 0.5~1.0 mm。

(2) 精车外圆锥面

①用计算或移动床鞍法确定切削深度 $a_p$。
②用机动进给精车外圆锥面至要求。

## 项目考核评价表

| 记录表编号 | | 操作时间 | 25 min | 姓名 | | 总分 | | |
|---|---|---|---|---|---|---|---|---|
| 考核项目 | 考核内容 | 要求 | 分值 | 评分标准 | | | 互评 | 自评 |
| 主要项目<br>（80 分） | 安全文明操作 | 安全控制 | 15 | 违反安全文明操作规程扣 15 分 | | | | |
| | 操作规程 | 理论实践 | 15 | 操作是否规范，适当扣 5~10 分 | | | | |
| | 拆卸顺序 | 正确 | 15 | 关键部位一处扣 5 分 | | | | |
| | 操作能力 | 强 | 15 | 动手行为主动性，适当扣 5~10 分 | | | | |
| | 工作原理理解 | 表达清楚 | 10 | 基本点是否表述清楚，适当扣 5~10 分 | | | | |
| | 清洗方法 | 正确 | 5 | 清洗是否干净，适当扣 0~5 分 | | | | |
| | 安装质量 | 高 | 5 | 多 1 件、少 1 件扣 5 分 | | | | |

## 项目报告单

| 项目 | | | |
|---|---|---|---|
| 班级 | | 第_____组　组员 | |
| 使用工具 | | | 说明 |
| 项目内容 | | | |
| 项目步骤 | | | |
| 项目结论<br>（心得） | | | |
| 小组互评 | | | |

## 【项目拓展】

莫氏 4# 锥棒加工，如图 2-52 所示。

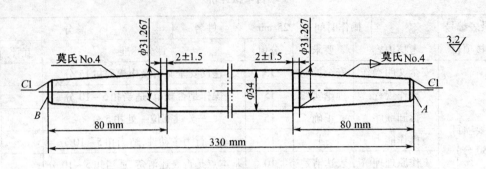

图 2-52 莫氏 4#锥棒

材料:45 号钢,φ40 mm×335 mm,1 件

## 一、加工步骤

1. 用三爪自定心卡盘夹持工件毛坯外圆,伸出长度 30 mm 左右,校正并夹紧,车平端面 A,钻中心孔,车外圆表面去黑皮即可。

2. 以端平面 A 为基准,在工件上刻线截取总长 330 mm。

3. 用三爪自定心卡盘夹持工件毛坯外圆,使 B 端伸出长度 30 mm 左右,找正并夹紧,车端平面 B,保证总长 330 mm,钻中心孔。

4. 在两顶尖间装夹好工件,车外圆 φ34 至尺寸。

5. 车两端外圆 φ32 至尺寸长为 80 mm。

6. 根据尾座偏移量 S 向量偏移尾座,粗车,修正偏移量,精车一端外圆锥面至尺寸要求,倒角 C1。

7. 调头装夹,车另一端外圆锥面,倒角 C1。

## 二、注意事项

1. 车刀应对准工件中心以防母线不直。

2. 粗车时,吃刀不宜过多,应校准锥度,以防止工件车小而报废。

3. 随时注意顶针松紧和前顶针的磨损情况,以防工件飞出伤人。

4. 偏移尾座时,应仔细耐心,熟练掌握偏移方向。

5. 如果工件数量较多,其长度和中心孔的深浅必须一致。

## 任务 5　偏心零件的加工

【实习任务单】

| 学习任务 | 车床外偏心零件加工的基本操作 |
|---|---|
| 学习目标 | 1. 知识目标<br>（1）掌握车床设备的使用规范与操作规程；<br>（2）掌握在车床上加工偏心类零件。<br>2. 能力目标<br>（1）能够根据加工需要正确选择刀具、量具、加工方案等；<br>（2）能够对产品进行自检、互检。<br>3. 素质目标<br>（1）培养学生在机床操作过程中具备安全操作和文明生产意识；<br>（2）培养学生在整个机床操作过程中的团队协作意识和吃苦耐劳精神；<br>（3）培养学生正确选择、刃磨、安装和使用刀具；<br>（4）培养学生正确选择并熟练使用量具 |

一、任务描述

偏心工件如图 2-53 所示。

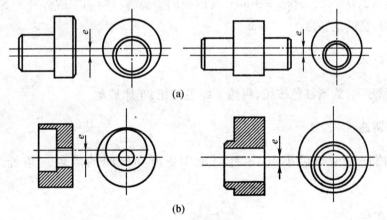

图 2-53　偏心工件
（a）偏心轴；（b）偏心套

通过现场老师对实际案例（图纸）的加工操作演示使学生掌握 CA6140 车床车削外圆类零件的基本操作过程，能够根据加工需要正确选择、刃磨、安装和使用刀具，正确选择机床切削用量，并按图纸要求加工出合格的产品。

二、任务实施

    1. 学生分组,每小组 3~5 人;

    2. 车间现场设备讲解,并监督学生加工出合格产品;

    3. 检查:以学生自检、互检、老师监督的形式对学生的产品进行评判;

    4. 总结:给出训练成绩。

三、相关资源

    1. 教材;

    2. 教学课件;

    3. 实训车间机床。

四、教学要求

    1. 认真进行课前预习,充分利用教学资源;

    2. 团队之间相互学习、相互借鉴,提高学习效率。

## 【任务实施】

### 一、垫片制作

因为加工偏心工件需要垫片,所以先要制作垫片,加工垫片第一步需要计算,垫片厚度 $x = 1.5e(1 - \dfrac{e}{2D})$,$x$ 为垫片的厚度,$e$ 为偏心工件的偏心距离,$d$ 为被卡爪夹住部分的直径。参照图纸得 $e = 2$,$D = 42$,可得 $x = 3$ mm,所以我们需要将材料加工成外径为 54 mm、内径为 48 mm 的套筒,套筒的长度为 25 mm。

### 二、启动车床

打开电源开关,旋紧红色按钮,再按下绿色按钮,车床启动。

### 三、主轴调速

调速盘长杆对准黑色小点,短杆对准 180 所在区间的黑色三角处,主轴转速即为 180 r/min。

### 四、夹紧工件

先用卡盘扳手摇开三爪卡盘,将工件放进三爪卡盘内,一般卡在四到五个齿,同时其中一个卡盘爪上垫一个厚度为 3 mm 的垫片,然后摇紧三爪卡盘将工件固定,拉起正转拉杆使主轴转动,观察工件是否稳定,若安装稳定可继续往下进行,若没有安装稳定则重新装夹。

### 五、装夹刀具

将刀具固定在刀架上,拉动正转拉杆使主轴带动工件转动,看刀具刀尖与工件圆心是否在同一水平面上,以增减刀具下垫片的数量来调整刀具的高低,保持刀具刀尖在工件圆心水平面上,然后夹紧刀具。

### 六、切削端面

将刀架旋转一个角度使刀尖凸出,慢慢摇动大托盘使外圆刀与工件端面靠近,在看到工件端面上擦出一道光亮时停下,转动中托盘使外圆刀退出,转动大托盘进给2~3个小格,推动机动手柄向前,使中托盘带动刀架和刀具自动纵向移动,外圆刀到达工件中心之前拉回机动手柄使自动进给提前停下,留出适当的内圆,避免使用钻头时钻头没有对准圆心而使孔钻偏。

### 七、安装钻头

将后座套筒向外摇出,把钻头尾部放入套筒内转动,待旋转不动且向外拔不出时钻头就安装好了。

### 八、打孔

打孔时拉起正转拉杆使主轴转动,然后推动尾座,使钻头对准工件圆心,之后打开冷却液开关,令冷却液对准钻头喷出,然后转动尾座摇柄开始钻孔,钻通即可。

### 九、车削孔

车削孔之前应先对主轴转速进行调整,将调速盘长杆对准红色小点,短杆对准500数字所在区间的黑色三角,此时主轴转速即为500 r/min。先测量所钻孔的直径,然后拉起正转拉杆使主轴转动,缓缓转动大托盘将内孔刀横向移动靠近工件端面,将大托盘调整到一个整数方便计数,然后转动小托盘,当看到工件端面上擦出一道亮光时停止进给,之后先转动中托盘再转动大托盘,使内孔刀放入孔内,转动中托盘使内孔刀缓缓向孔的内壁靠近,待听到内孔刀与孔的内壁切削的声音时停止,转动大托盘将内孔刀横向摇出,转动中托盘进给一个适当的量,拉动摇杆使溜板箱横向移动,待切削到预定尺寸前1~2小格时,拉动摇杆停止自动进给,改为手动进给。如此往复,在车削过程中,每次车削完成后都要拉动正转拉杆停止主轴转动进行测量,来调整下次的进刀量。

### 十、停止

拉动正转拉杆使机床主轴停止转动,关闭电源开关,取下工件,然后拿到钳工那里锯成相应份数即可。

### 十一、清扫

将工具放在指定位置,清扫铁屑,擦拭机床,给机床上油。

## 【相关知识】

人们通常把圆柱面轴线平行且不相重合的零件称为偏心工件,平行轴线之间的距离叫偏心距。在机械传动中，回转运动与往复直线运动之间的相互转换，一般都是利用偏心零件来实现的，如偏心轴带动的油泵、内燃机中的曲轴等。在实际生产中对于加工精度要求不高且偏心距在10 mm以下的偏心工件，都是通过用在三爪卡盘的一卡爪垫上垫垫片的方法来加工的，本书仅分析如何选择合适垫片、怎样在三爪卡盘上垫垫片才能满足偏心工件的加工要求。

## 一、垫片厚度与垫片形状的选择

对偏心工件的车削通常是根据偏心工件偏心距的大小在三爪卡盘的一卡爪上垫一垫片的方法来加工的，通过垫垫片使工件不同部分的轴线产生一定距离来满足偏心距要求，下面分两种情况加以讨论。

1. 工件的偏心距较小时，即 $e$ 在 5～6 mm 时，采用在三爪卡盘的一个卡爪垫上垫垫片的方法使工件产生偏心，如图 2-52 所示，垫片的厚度 $x$ 与偏心距 $e$ 间的关系可用下面公式表示

$$x = 1.5e\left(1 - \frac{e}{2D}\right)$$

式中　$e$——偏心工件的偏心距，mm；
　　　$D$——夹持部位的工件直径，mm。

当 $D$ 相对于 $e$ 较大时，上式可简化为

$$x \approx 1.5e \pm k$$

$$k \approx 1.5\Delta e$$

式中　$k$——偏心距修正值，正负按实测结果确定，mm；
　　　$\Delta e$——试切后实测偏心距误差，mm。

2. 工件的偏心距较大时使用扇形垫片，扇形垫片厚度 $x$ 与偏心距 $e$ 的关系可用下面公式表示。切削偏心距较大时，垫片使用扇形垫片，扇形垫片厚度的 $x$ 与偏心距 $e$ 的计算公式为

$$x = 1.5e\left(\frac{e}{2D + 7e}\right)$$

在车削偏心精度要求较高的工件时，先按以上公式计算出垫片厚度，试车削后，实测偏心距误差，再对厚度进行修正，修正公式为 $x = x \pm 1.5\Delta e$

## 二、偏心工件的车削

1. 先把偏心工件中不是偏心的部分外圆车好。
2. 根据外圆 $D$ 和偏心距计算预垫片厚度。
3. 将试车后的工件缓慢转动，用百分表在工件上测量其径向跳动量，跳动量的一半就是偏心距，也可试车偏心，注意在试车偏心时，只要车削到能在工件上测出偏心距误差即可。

4. 修正垫片厚度,直至合格。

外圆和外圆的轴线或内孔与外圆的轴线平行但不重合(彼此偏离一定距离)的工件。

偏心轴:外圆与外圆偏心的工件。

偏心套:内孔与外圆偏心的工件。

偏心距:两平行轴线间的距离。

### 三、偏心工件的画线方法

安装、车削偏心工件时,应先用画线的方法确定偏心轴(套)轴线,随后在两顶尖或四爪单动卡盘上安装。

1. 偏心工件的画线方法

(1) 先将工件毛坯车成一根光轴(图2-54),使两端面与轴线垂直(误差大会影响找正精度),表面粗糙度值为 $R_a1.6\ \mu m$。然后在轴的两端面和四周外圆上涂一层蓝色显示剂,待干后将其放在 V 形架中。

(2) 用游标高度尺画针尖端测量光轴的最高点(图2-55),并记下其读数,再把游标高度尺的游标下移工件实际测量直径尺寸的一半,并在工件的 A 端面轻轻地画出一条水平线,然后将工件转过180°,仍用刚才调整的高度,再在 A 端面轻画另一条水平线。检查前、后两条线是否重合,若重合,即为此工件的水平轴线;若不重合,则须将游标高度尺进行调整,游标下移量为两平行线间距离的一半。如此反复,直至使二线重合为止。

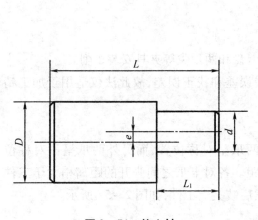

图2-54 偏心轴

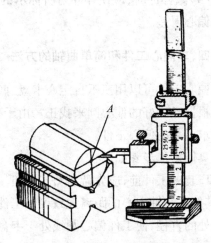

图2-55 在 V 形架上画偏心的方法

(3) 找出工件的轴线后,即可在工件的端面和四周画圈线(过轴线的水平剖面与工件的截交线)。

(4) 将工件转过90°,用平行直角尺对齐已画好的端面线,然后再用刚才调整好的游标高度尺在轴端面和四周画一道圈线,这样在工件上就得到两道互相垂直的圈线了。

(5) 将游标高度尺的游标上移一个偏心距尺寸,也在轴端面和四周画上一道圈线。

(6) 偏心距中心线画出后,在偏心距中心处两端分别打样冲眼,要求敲打样冲眼的中心位置准确无误,眼坑宜浅,且小而圆。

① 若采用两顶尖车削偏心轴,则要依此样冲眼先钻出中心孔。

② 若采用四爪单动卡盘装夹车削时,则要依样冲眼先画出一个偏心圆,同时还需在偏心圆上均匀地、准确无误地打上几个样冲眼,以便找正,如图 2-56 所示。

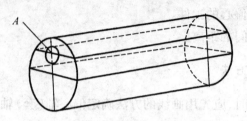

图 2-56　画偏心

### 2. 注意事项

(1) 画线用涂剂应有较好的附着性(一般可用酒精、蓝色和绿色颜料加虫胶片混合浸泡而成),应均匀地在工件上涂上薄薄一层,不宜涂厚,以免影响画线清晰度。

(2) 画线时,手轻扶工件,不让其转(或移)动,右手握住游标高度尺座,在平台上沿着画线的方向缓慢、均匀地移动,防止因游标高度尺底座与平台间摩擦阻力过大而使尺身或游标在画线时颤抖。为此应使平台和底座下面光洁、无毛刺,可在平台上涂上薄薄一层机油。

(3) 样冲尖应仔细刃磨,要求圆且尖。

(4) 敲样冲时,应使样冲与所标示的线条垂直,尤其是冲偏心轴孔时更要注意,否则会产生偏心误差。

### 四、车偏心工件和简单曲轴的方法

偏心工件可以用三爪自定心卡盘、四爪单动卡盘和两顶尖等夹具安装车削。

根据已画好的偏心圆来找正。由于存在画线误差和找正误差,故此法仅适用于加工精度要求不高的偏心工件。

具体操作步骤如下:

1. 装夹工件前,应先调整好卡盘爪,使其中两爪呈对称位置,而另外两爪呈不对称位置,其偏离主轴中心的距离大致等于工件的偏心距。各对卡爪之间张开的距离稍大于工件装夹处的直径,使工件偏心圆线处于卡盘中央,然后装夹上工件,如图 2-57 所示。

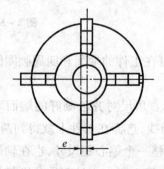

图 2-57　用四爪单动卡盘装夹偏心工件

2. 夹持工件长 15~20 mm,工件外圆垫 1 m 左右厚铜片,夹紧工件后,要使尾座顶尖接近工件,调整卡爪位置,使顶尖对准偏心圆中心(即图 2-56 中的 A 点),然后移去尾座。

3. 将画线盘置于中滑板上(床鞍上)适当位置,使画针尖对准工件外圆上的侧素线(图 2-58),移动床鞍,检查侧素线是否水平,若不呈水平,可用木槌轻轻敲击进行调整。再将工件转过 90°,检查并校正另一条侧素线,然后将画针尖对准工件端面的偏心圆线,并校正偏心圆(图 2-59)。如此反复校正和调整,直至使两条侧素线均呈水平(此时偏心圆的轴线与基准圆轴线平行),又使偏心圆轴线与车床主轴轴线重合为止。

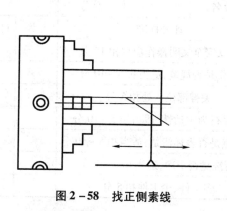

图 2-58 找正侧素线

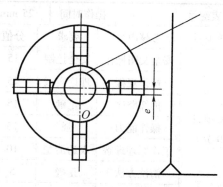

图 2-59 校正偏心圆

4. 将四个卡爪均匀地紧一遍,经检查确认侧素线和偏心圆线在紧固卡爪时没有位移,即可开始车削。

### 五、测量和检查偏心距的方法

1. 在两顶尖间检测偏心距

对于两端有中心孔、偏心距较小、不易放在 V 形架上测量的轴类零件,可放在两顶尖间测量偏心距。检测时,使百分表的测量头接触在偏心部位,用手均匀、缓慢地转动偏心轴,百分表上指示出的最大值与最小值之差的一半就等于偏心距。偏心套的偏心距也可以用类似上述方法来测量,但必须将偏心套套在心轴上,再在两顶尖间检测。

2. 在 V 形架上检测偏心距

(1)当工件无中心孔或工件较短、偏心距 $e < 5$ mm 时,可将工件外圆放置在 V 形架上,转动偏心工件,通过百分表读数最大值与最小值之间差值的一半确定偏心距。

(2)若工件的偏心距较大($e \geq 5$ mm),因受百分表测量范围的限制,可采用间接测量偏心距的方法。测量时,将 V 形架置于测量平板上,工件放在 V 形架中,转动偏心工件,用百分表先找出偏心工件的偏心外圆最高点,将工件固定,然后使可调整量规平面与偏心外圆最高点等高,再按下式计算出偏心工件的偏心外圆到基准外圆之间的最小距离 a。

$$a = D/2 - d/2 - e$$

式中 $a$——偏心外圆到基准外圆之间的最小距离,mm;

$D$——基准圆直径的实际尺寸,mm;

$d$——偏心圆直径的实际尺寸,mm;

$e$——工件的偏心距,mm。

选择一组量块,使之组成的尺寸等于 $a$,并将此组量块放置在可调整量规平面上,再水平移动百分表,先测量基准外圆最高点,得一读数 $A$,继而测量量块上表面得另一读数 $B$,比较这两读数,看其误差值是否在偏心距误差的范围内,以确定此偏心工件的偏心距是否满足要求。

**项目考核评价表**

| 记录表编号 | | 操作时间 | 25 min | 姓名 | | 总分 | | |
|---|---|---|---|---|---|---|---|---|
| 考核项目 | 考核内容 | 要求 | 分值 | 评分标准 | | | 互评 | 自评 |
| 主要项目<br>(80 分) | 安全文明操作 | 安全控制 | 15 | 违反安全文明操作规程扣 15 分 | | | | |
| | 操作规程 | 理论实践 | 15 | 操作是否规范,适当扣 5~10 分 | | | | |
| | 拆卸顺序 | 正确 | 15 | 关键部位一处扣 5 分 | | | | |
| | 操作能力 | 强 | 15 | 动手行为主动性,适当扣 5~10 分 | | | | |
| | 工作原理理解 | 表达清楚 | 10 | 基本点是否表述清楚,适当扣 5~10 分 | | | | |
| | 清洗方法 | 正确 | 5 | 清洗是否干净,适当扣 0~5 分 | | | | |
| | 安装质量 | 高 | 5 | 多 1 件、少 1 件扣 5 分 | | | | |

**项目报告单**

| 项目 | | | | |
|---|---|---|---|---|
| 班级 | | 第_____组 | 组员 | |
| 使用工具 | | | | 说明 |
| 项目内容 | | | | |
| 项目步骤 | | | | |
| 项目结论<br>(心得) | | | | |
| 小组互评 | | | | |

## 任务6  配合零件的加工

### 【实习任务单】

| 学习任务 | 车床配合类零件加工基本操作 |
|---|---|
| 学习目标 | 1. 知识目标<br>　（1）掌握车床设备的使用规范与操作规程；<br>　（2）掌握在车床上进行配合零件的加工等。<br>2. 能力目标<br>　（1）能够根据加工需要正确选择刀具、量具、加工方案等；<br>　（2）能够对产品进行自检、互检。<br>3. 素质目标<br>　（1）培养学生在机床操作过程中具有安全操作和文明生产意识；<br>　（2）培养学生在整个机床操作过程中的团队协作意识和吃苦耐劳精神；<br>　（3）培养学生正确选择、刃磨、安装和使用刀具；<br>　（4）培养学生正确选择并熟练使用量具 |

一、任务描述

通过现场老师对实际案例（图纸）的加工操作演示使学生掌握 CA6140 车床车削外圆类零件的基本操作过程，能够根据加工需要正确选择、刃磨、安装和使用刀具，正确选择机床切削用量，并按图纸要求加工出合格的产品。

二、任务实施

1. 学生分组，每小组 3～5 人；
2. 在车间现场进行设备讲解，并监督学生加工出合格产品；
3. 检查：以学生自检、互检、老师监督的形式对学生的产品进行评判；
4. 总结：给出训练成绩。

三、相关资源

1. 教材；
2. 教学课件；
3. 实训车间机床。

四、教学要求

1. 认真进行课前预习，充分利用教学资源；
2. 团队之间相互学习、相互借鉴，提高学习效率

## 【任务实施】

配合任务 5 中零件加工,完成配合零件如图 2-60 所示的加工。

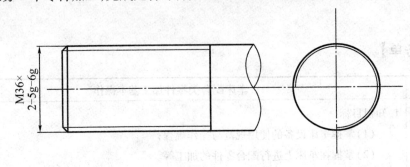

图 2-60 螺杆

### 一、材料

需要 45 号钢,$\phi50$,长度 80 mm,此时需要用到锯床。

### 二、准备

准备好需要用到的材料、工具、车刀、量具等。

### 三、启动车床

打开电源开关,旋紧红色按钮,再按下绿色按钮,车床启动。

### 四、主轴调速

调速盘长杆对准红色小点,短杆对准 500 所在区间的黑色三角处,主轴转速即为 500 r/min。

### 五、夹紧工件

先用卡盘扳手摇开三爪卡盘,将工件放进三爪卡盘内,一般卡在四到五个齿,然后摇紧三爪卡盘将工件固定,然后拉起正转拉杆使主轴转动,观察工件是否稳定,若安装稳定可继续往下进行,若没有安装稳定则重新装夹。

### 六、装夹刀具

将刀具固定在刀架上,拉动正转拉杆使主轴带动工件转动,看刀具刀尖与工件圆心是否在同一水平面上,以增减刀具下垫片的数量来调整刀具的高低,保持刀具刀尖在工件圆心水平面上,然后夹紧刀具。

### 七、切削端面

将刀架旋转一个角度使刀尖突出,慢慢摇动大托盘使外圆刀与工件端面靠近,在看到工件端面上擦出一道光亮时停下,转动中托盘使外圆刀退出,转动大托盘进给2~3个小格,推动机动手柄向前,使中托盘带动刀架和刀具自动纵向移动,外圆刀到达工件中心后退出车刀。

确保交换箱内齿轮 $Z$ 分别为 63,100,75。

### 八、车螺纹

因用的毛坯料为 50 mm,由图纸得外螺纹大径为 36 mm 且螺距为 2 mm,查公式计算底径约为 34 mm,所以先将外圆车成 36 mm 或 35.8 mm,这时调转速为 180 r/min 车螺纹,车床主轴旋转,调进给箱。

因为要车的是螺距为 2 mm 的外螺纹,在进给箱铭牌的表格中找到加工的螺距,如图 2-61 所示,按表格所示的位置扳动进给箱的各个手柄,大杆先调到 B,然后变换进给基本操作手柄设置,将手轮板(红点处所指位置)至 Ⅱ,变换操作手柄扳至 3 来达到螺距 $P$ 为 2 mm。此时如图 2-62 所示。最后把转换手柄置于位置即可,查看挂轮箱上的挂轮是否正确,车外螺纹前,外径要比公称直径大。

图 2-61　螺纹标注

图 2-62　操纵杆

这时调整完毕。车螺纹分为开合螺母法和正反车法。用正反车法,在此过程中一定不要分心,很容易打刀。首先对刀,启动车床转动大拖板向里进给。开始车削,首先转动中托板进 10 个格,然后按下开合螺母自动走刀,直到达到长为 25 mm 后,同时用手转动中托板(向外)和拉杆(向下)来退刀,如果操作不熟练就在 25 mm 的地方开个退刀槽,防止控制不好而打刀。随后中托板调回刚才进 10 个格后的那个数继续进给 5 个小格,然后继续同上的操作退刀,用准备好的 M36-2 的螺纹套规检测,如果没有进去套规的 70%,则继续调中托板进给,直到达到要求。

## 九、停止

拉动正转拉杆使机床主轴停止转动,关闭电源开关,取下工件。

## 十、清扫

将工具放在指定位置,清扫铁屑,擦拭机床,给机床上油。进行"6S"管理。

【相关知识】

### 一、车三角形外螺纹

1. 车削方法

(1)直进法。如图 2-63 所示,车螺纹时,螺纹车刀刀尖及左右两侧刀刃都参与切削,每次进刀由中滑板进给,随螺纹深度的加深,切削深度相应减少,这种切削方法操作简单,可以得到比较正确的牙型,适用于螺距小于 2 mm 和脆性材料的螺纹车削。

(2)左右切削法或斜进法,如图 2-64 所示。车削时,除用中滑板刻度控制车刀的径向进给外,还可同时使用小滑板刻度,使车刀左右微量进给,如图 2-64(a)所示。采用左右切削法时,要合理分配切削余量,粗车时可采用斜进法,如图 2-64(b)所示。顺走刀一个方向偏移一般每边留 0.2~0.3 mm,精车时,为了使两侧牙面都比较光洁,当一侧车光以后再将车刀偏移另一侧面车削,两侧均车光后,再将车刀移到中间,把车底部分车光,保证牙底清晰。

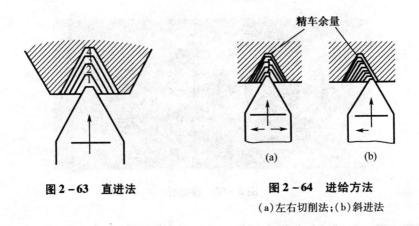

图 2-63 直进法　　　　图 2-64 进给方法
(a)左右切削法;(b)斜进法

(3)切削液。切削时必须加切削液,粗车用切削油或机油,精车用乳化液。

2. 螺纹的测量和检查

(1)大径的测量。螺纹的大径公差较大,一般可用游标卡尺检测。

(2)螺距检测。常用钢直尺(图 2-65)或螺距规(图 2-66)检测。用钢直尺检测时,为了能准确检测出螺距,一般应检测几个螺距的总长度,然后取其平均值。用螺距规时,螺距规应沿工件轴平面方向嵌入牙槽中,如果与牙槽完全吻合,则说明被测螺距是正确的。

(3)中径检测。精度较大的螺纹,一般可用螺纹千分尺检测,如图2-67所示。检测时,两个与牙型角相同的测量头正好卡在螺纹的牙型面上,测得的数值即为中径实际尺寸。螺纹千分尺附有两套(牙形角为60°)不同的测量头,以适应各种不同的三角形外螺纹中径的测量。

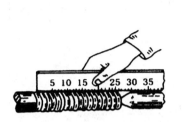

图2-65 用钢直尺测量螺距

图2-66 用螺距规测量螺距

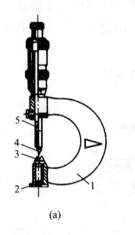
(a)

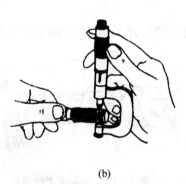
(b)

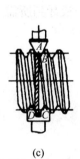
(c)

图2-67 三角形螺纹中径的测量
(a)螺纹千分尺;(b)测量方法;(c)测量原理
1—尺架;2—砧座;3—下测量头;4—上测量头;5—测微螺杆

(4)综合测量。用螺纹量规,如图2-68所示。进行综合检测,首先应检查螺纹大径牙型、螺距和表面粗糙度,然后用螺纹环规检测,如果螺纹环规通端顺利拧入工件螺纹,而止端不能拧进,则说明螺纹符合要求。对于精度要求不高的螺纹,可以用标准螺母来检测,以拧入时是否顺利和松紧程度来确定是否合格。

图 2-68 螺纹量规

(a)螺纹塞规;(b)螺纹环规

## 二、在车床上套螺纹、攻螺纹

1. 套螺纹的方法

在车床上套螺纹,如图 2-69 所示。

(1)将套螺纹工具锥体柄装入尾座套筒的锥孔内。

(2)将板牙装入滑动套筒内,使螺钉对准板牙上的锥孔后拧紧。

(3)将尾座移到工件前适当位置约 15 mm 处锁紧。

(4)转动尾座手轮,使板牙靠近工件端面,先开动车床和冷却泵加注切削液。

(5)摇动尾座手轮使板牙切入工件,然后停止摇动手轮,由滑动套筒在工具体内自动轴向进给,板牙切削工件外螺纹。

(6)当板牙到所需长度位置时,开反车,使主轴反转退出板牙。

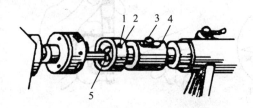

图 2-69 在车床上套螺纹

1—螺钉;2—游动套筒;3—销钉;4—工具体;5—板牙

2. 丝锥

丝锥也叫螺丝攻,用高速钢制成,是一种成型、多刃车削工具。直径和螺距较小的内螺纹,可用丝锥直接攻出来,如图 2-70 所示。

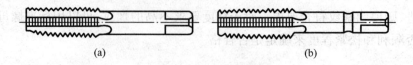

图 2-70 丝锥

(a)手用丝锥;(b)机用丝锥

(1)手用丝锥。通常由两只或三只组成一套,也称头锥、二锥和三锥,在攻螺纹时依次使用丝锥,可根据在切削部分磨去齿数的不同来区别。

(2)机用丝锥。一般车床上攻螺纹用机用丝锥一次攻制成型,它与手用丝锥相似,只是在柄部多一条环形槽,以防止丝锥从夹头中脱落。

3. 攻螺纹的方法

(1)把攻螺纹工具装入尾座套筒锥孔。

(2)把机用丝锥装入攻螺纹工具中。

(3)移动尾座靠近工件适当位置并固定。

(4)开车,摇动尾座手轮使丝锥在孔中切进头几牙,停止转动手轮。

(5)当攻螺纹工具自动跟随丝锥前进直至需要的尺寸时,即开倒车退出丝锥。

4. 注意事项

(1)检查板牙的齿形是否损坏。

(2)装夹板牙不能歪斜。

(3)塑性材料套螺纹时应充分加注切削液。

(4)套螺纹时工件直径应偏小些,否则容易烂牙。

(5)攻盲孔螺纹时,必须在攻螺纹工具上标好螺纹长度尺寸,以防折断丝锥。

### 三、车削三角形内螺纹

1. 三角形内螺纹孔径的确定

车削内螺纹时,首先要钻孔或扩孔,孔径尺寸一般可用下面的公式计算:

$$D_{孔} \approx d - 1.05p$$

其尺寸公差可查普通螺纹有关的公差表。

2. 通孔内螺纹车削方法

(1)先把工件的内孔、平面及倒角车好。

(2)开车进行车削,车削方法同外螺纹相同,只是退刀方向相反。

3. 车削盲孔螺纹或台阶孔内螺纹

(1)先车退刀槽,直径应大于螺纹大径,槽宽为 2~3 个螺距,并与台阶平面切平。

(2)根据螺纹长度加工 1/2 槽宽,在刀杆上做好记号作为退刀之用。

(3)车削时,中滑板手柄退刀的动作要迅速、准确、协调,保证刀尖到槽中退刀。

4. 注意事项

(1)车刀刀尖要对准工件中心。

(2)内螺纹车刀刀杆不能太细,否则会引起震动,出现"扎刀""让刀"和发出不正常声音及震纹等现象。

(3)小滑板宜调整紧些,以防车刀移位产生乱扣。

(4)精车螺纹刀要保持锋利,否则容易产生"让刀"。

(5)用螺纹塞规检查,通端应全部拧进,松紧适当。

(6)加工盲孔内螺纹,可在刀杆上做记号或用床鞍刻度来控制退刀,避免车刀碰撞工件而报废。

### 四、车削圆锥管螺纹

1. 车削方法

基本方法和车削普通螺纹相同。不同的是,要解决螺纹锥度问题常采用靠模、尾座偏位及手赶法等。手赶法是随外圆锥的斜率,径向手动退刀或进刀来保证螺纹的锥度和尺寸。

(1)正车圆锥管螺纹。在床鞍由尾座向车头方向机动进给的同时,将中滑板径向手动均匀退刀,从而车出圆锥管螺纹。

(2)反车圆锥管螺纹。车刀反装,主轴反向旋转,车刀由车头一端进刀,在床鞍由尾座方向机动进给的同时,以中滑板径向手动均匀进刀,车刀圆锥管螺纹,比顺车容易掌握。

2. 注意事项

(1)装夹螺纹车刀应和轴线垂直。

(2)车圆锥管螺纹时,纵向机动进给与径向手动进退刀速度要配合好,防止中滑板丝杆回松,引起螺纹两侧不光整,还容易引起"扎刀"现象,损坏螺纹车刀刀尖。

(3)用螺纹套规或管接头检查时,应以基面为准,保证有效长度 l,收尾长度为 3~4 圈螺纹。

### 五、车削蜗杆

1. 蜗杆车削方法

(1)蜗杆螺纹车刀一般选用高速钢车刀,刃磨时顺走刀方向一面的反角必须加牙螺纹升角。

(2)车刀装夹。可用万能角度尺来找正。车刀刀尖角位置,如图 2-71 所示,就是将万能角度尺的一边靠住工件外圆,观察另一边和车刀刃口的间隙,如有偏差时,可重新装夹来调整刀尖角度的位置。

蜗杆的车削方法和车削梯形螺纹相似,采用开倒顺车切削,粗车后留 0.2~0.4 mm 精车余量,由于蜗杆的螺距大,齿形深,切削面积大,因此,在精车时,采用均匀的单面车削,同时控制切削用量,防止"啃刀"及"扎刀"现象。

2. 蜗杆的测量方法

(1)用三针和单针测量,方法与测量梯形螺纹相同。

(2)齿厚测量法是利用齿厚游标卡尺测量蜗杆中径齿厚,如图 2-72 所示,此法适用于精度要求不高的蜗杆。测量时将齿高卡尺读数调整到齿顶高,法向卡入齿部,也使齿厚卡尺和蜗杆轴线相交成一个螺纹升角的角度,此时的最小读数即是蜗杆中径处的法向齿厚 $S_n$,但图样上一般注明的是轴向齿厚,所以必须进行换算。

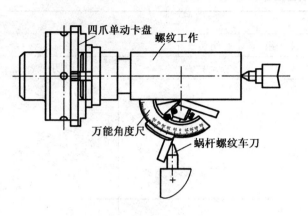
图 2-71　用万能角度尺装正车刀

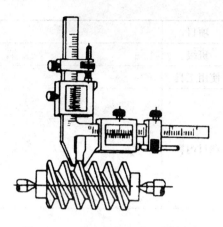
图 2-72　用齿轮游标卡尺测量法

3. 注意事项

(1) 车削蜗杆时,应先验证螺距。

(2) 对分夹头应夹紧工件,否则车削螺纹时,容易移位,损坏工件。

(3) 加工模数较大的蜗杆,应提高工件的装夹刚度,尽量缩短工件的长度,采用一夹一顶装夹,精车时,工件要以两顶尖孔定位装夹,以保证同轴度和加工精度。

**项目考核评价表**

| 记录表编号 | | 操作时间 | 25 min | 姓名 | | 总分 | | |
|---|---|---|---|---|---|---|---|---|
| 考核项目 | 考核内容 | 要求 | 分值 | 评分标准 | | | 互评 | 自评 |
| 主要项目<br>(80分) | 安全文明操作 | 安全控制 | 15 | 违反安全文明操作规程扣15分 | | | | |
| | 操作规程 | 理论实践 | 15 | 操作是否规范,适当扣5~10分 | | | | |
| | 拆卸顺序 | 正确 | 15 | 关键部位一处扣5分 | | | | |
| | 操作能力 | 强 | 15 | 动手行为主动性,适当扣5~10分 | | | | |
| | 工作原理理解 | 表达清楚 | 10 | 基本点是否表述清楚,适当扣5~10分 | | | | |
| | 清洗方法 | 正确 | 5 | 清洗是否干净,适当扣0~5分 | | | | |
| | 安装质量 | 高 | 5 | 多1件、少1件扣5分 | | | | |

## 项目报告单

| 项目 | | | | | |
|---|---|---|---|---|---|
| 班级 | | 第_____组 | 组员 | | |
| 使用工具 | | | | | 说明 |
| 项目内容 | | | | | |
| 项目步骤 | | | | | |
| 项目结论（心得） | | | | | |
| 小组互评 | | | | | |

# 项目3  铣床加工训练

## 任务1  铣床的基本操作

【实习任务单】

| 学习任务 | 铣床外圆类零件加工基本操作 |
|---|---|
| 学习目标 | 1. 知识目标<br>　(1)掌握铣床设备的使用规范与操作规程；<br>　(2)掌握在铣床上进行加工。<br>2. 能力目标<br>　(1)能够根据加工需要正确选择刀具、量具、加工方案等；<br>　(2)能够对产品进行自检、互检。<br>3. 素质目标<br>　(1)培养学生对机床操作过程中具有安全操作、文明生产意识；<br>　(2)培养学生在整个机床操作过程中的团队协作意识和吃苦耐劳的精神。<br>　(3)培养学生正确选择并熟练使用量具 |

一、任务描述

通过老师现场对实际案例(图纸)的加工操作演示使学生掌握铣床的基本操作过程,能够根据加工需要正确选择、安装、使用刀具、正确选择机床切削用量。并按图纸要求加工出合格的产品。

二、任务实施

1. 学生分组,每小组3～5人；
2. 车间现场设备讲解并监督学生加工出合格产品；
3. 检查:以学生自检、互检、老师监督的形式对学生的产品进行评判；
4. 总结:给出训练成绩。

三、相关资源

1. 教材；
2. 教学课件；
3. 实训车间机床。

四、教学要求

1. 认真进行课前预习,充分利用教学资源；
2. 团队之间相互学习,相互借鉴,提高学习效率

## 【任务实施】

(1) 首先将万能分度头和顶尖安装在工作台上,将螺栓插入工作台的 T 型槽中,然后用活扳手固定万能分度头和顶尖。

(2) 准备毛坯(直径 40 mm),长度 120 mm。

(3) 将毛坯装夹在车床三爪卡盘上,调转数($v = 500$ r/min)。

(4) 在尾座上安装中心钻,钻中心孔(钻到锥面处)。

(5) 将工件从车床上取下来,安装在铣床工作台万能分度头的三爪卡盘上,用卡盘扳手锁紧,并用顶尖固定,然后锁紧顶尖。

(6) 划分万能分度头,分成等分。

## 【相关知识】

铣床的类型很多,主要包括万能铣床、龙门铣床、卧式升降台铣床、立式升降台铣床及成形铣床等。铣床的型号和其他机床型号一样,如万能卧式铣床 X6132 的含义为

X——铣床类;

6——卧铣;

1——万能升降台铣床;

32——工作台的宽度为 320 mm。

### 一、万能升降台铣床

万能升降台铣床与一般升降台铣床的主要区别在于工作台除了能在相互垂直的三个方向上作调整或进给外,还能绕垂直轴线在图 ±45°范围内回转,从而扩大了机床的工艺范围。万能升降台铣床是一种卧式铣床,其主要参数为:工作台面宽 320 mm,工作台面长度 1 250 mm,工作台纵向最大行程为 800 mm,工作台横向最大行程为 300 mm,工作台垂向最大行程为 400 mm。

如图 3-1 所示,床身固定在底座上,用以安装和支承其他部件。床身内装有主轴部件,主变速传动装置及其变速操纵机构。悬梁安装在床身顶部,并可沿燕尾导轨,调整前后位置。刀杆支架用以支承刀杆的外端,以减少刀杆的弯曲和颤动,伸出的长度可根据刀杆的长度调整。升降台安装在床身两侧面垂直导轨上,可作上下移动,升降台水平导轨上装有床鞍,床鞍上装有回转盘,而工作台装在回转盘上的燕尾导轨上,绕垂直轴线在 ±45°范围内调整角度,以便铣削螺旋表面。升降台内部安装有进给运动的电动机及传动系统。

### 二、万能工具铣床

万能工具铣床的基本布局与万能升降台铣床相似,但配备有多种附件,因而扩大了机床的万能性。图 3-2 所示为万能工具铣床外形及其附件,机床安装着主轴座、固定工作台,此时机床的横向进给运动与垂直进给运动,仍分别由工作台及升降台来实现。根据加工需要,机床还可安装其他图示附件,如(b)图为可倾斜工作台,(c)图为回转工作台,(d)图为

平口钳,(e)图为分度装置,(f)图为立铣头,(g)图为插削头。由于万能铣床具有较强的万能性,故常用于工具车间,加工形状较复杂的各种切削刀具、夹具及模具零件等。

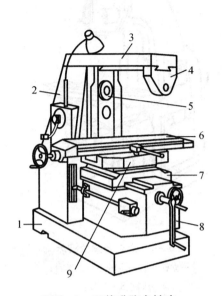

图3-1 万能升降台铣床
1—底座;2—床身;3—悬梁;
4—刀杆支架;5—主轴;6—工作台;
7—床鞍;8—升降台;9—回转台

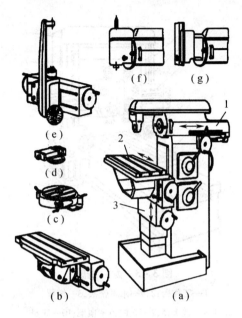

图3-2 万能工具铣床
(a)万能工具铣床外形;(b)可倾斜工作台;
(c)回转工作台;(d)平口钳;(e)分度装置;
(f)立铣头;(g)插削头

### 三、龙门铣床

如图3-3所示,龙门铣床在布局上以两根立柱及顶梁与床身构成龙门框架,并由此而得名。通用的龙门铣床一般有3~4个铣头,分别安装在左右立柱和横梁上。横梁上的两个垂直铣头可沿横梁导轨,做水平方向的位置调整。横梁本身及立柱上的两个水平铣头,可沿立柱上的导轨调整垂直方向位置。加工时,工作台带动工件做纵向进给运动。由于采用多刀同时切削几个表面,加工效率较高。另外,龙门铣床不仅可做粗加工、半精加工,还可进行精加工,所以这种机床在成批和大量生产中得到广泛的应用。

### 四、立式升降台铣床

立式升降台铣床与万能升降台铣床的区别仅在于其主轴垂直于工作台,是立式布置的。主轴安装在立铣头内,可沿其轴线方向进给或经手动调整位置。立铣头可根据加工要求,在垂直平面内向左或向右在45°范围内回转,使主轴与台面倾斜成一定角度,从而扩大了铣床的工作范围。立式铣床的其他部分,如工作台、床鞍及升降台的结构与卧式升降台铣床相同。立式铣床可加工平面沟槽、斜面、台阶、凸轮等表面,如图3-4所示。

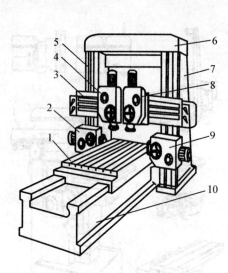 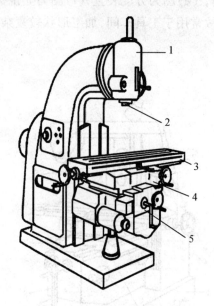

图3-3 龙门铣床
1—工作台;2,9—水平铣头;3—横梁;
4,8—铣头;5,7—立柱;6—顶架;10—床身

图3-4 立式升降台铣床
1—立铣头;2—主轴;3—工作台;
4—床鞍;5—升降台

### 五、铣刀的种类及安装

1. 铣刀的种类

（1）加工平面的铣刀

①端面铣刀。端面铣刀有整体式、镶齿式和可转位式三种,主要用于立式铣床上加工平面。刀齿采用硬质合金制成,生产效率高,加工表面质量也高。内燃机缸体、缸盖等零件的平面,多用该铣刀进行切削。

②圆柱铣刀。圆柱铣刀分粗齿与细齿两种,主要用于铣床上加工平面,由高速钢制造。圆柱铣刀采用螺旋形刀齿,可提高切削工作平稳性,如图3-5所示。

（2）加工成形面铣刀

根据特形面的形状而专门设计的成形铣刀称为特形铣刀。如图3-6所示,（a）图为凸半圆成形铣刀,用于铣削凹半圆特形面;（b）图为凹半圆成形铣刀,用于铣削凸半圆特形面。

（3）加工沟槽用的铣刀

如图3-7所示为加工沟槽用的铣刀,（a）图为立铣刀,（b）图为三面刃铣刀,（c）图为键槽铣刀,（d）图为锯片铣刀,（e）图为T形槽铣刀,（f）图为燕尾槽铣刀,（g）图所示是角度铣刀。

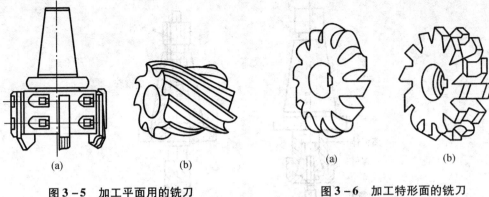

图 3-5 加工平面用的铣刀
(a)端铣刀;(b)圆柱铣刀

图 3-6 加工特形面的铣刀
(a)凸半圆成形铣刀;(b)凹半圆成形铣刀

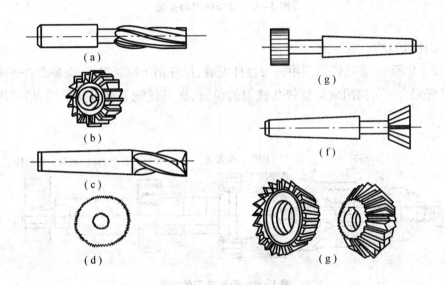

图 3-7 加工沟槽用的铣刀
(a)立铣刀;(b)三面刃铣刀;(c)键槽铣刀;(d)锯片铣刀;(e)T形槽铣刀;(f)燕尾槽铣刀;(g)角度铣刀

2. 铣刀的安装

(1)带柄铣刀的安装

①直柄铣刀须用弹簧夹头安装,弹簧夹头沿轴向有3个开口槽,当收紧螺母时,随之压紧弹簧夹头端面,使其外锥面受压,收小孔径,夹紧铣刀。不同孔径的弹簧夹头可以安装不同直径的直柄铣刀,如图3-8左图所示。

②锥柄铣刀应该根据铣刀锥柄尺寸选择合适的过渡锥套,用拉杆将铣刀及过渡锥套拉紧在主轴端部的锥孔中。若铣刀锥柄尺寸与主轴端部锥孔尺寸相同,则可直接装入主轴锥孔后拉紧,如图3-8右图所示。

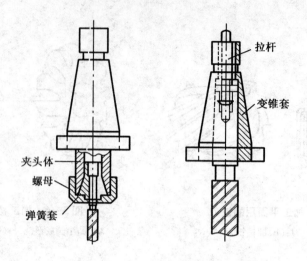

图 3-8 带柄铣刀的安装

(2)带孔铣刀的安装

如图 3-9 所示,带孔铣刀须用长刀拉杆安装,拉杆用于拉紧刀杆,保证刀杆外锥面与主轴锥孔紧密配合。套筒用来调整带孔铣刀的位置,尽量使铣刀靠近支承端,吊架用来增加刀杆的刚度。

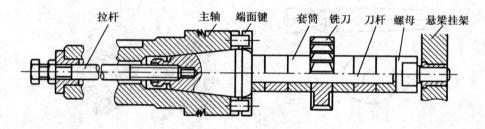

图 3-9 带孔铣刀的安装

### 六、铣工安全操作规程

(1)按规定穿戴好防护用品。

(2)按机床部位加油和润滑液。

(3)检查机床各部位、附件和传动系统,操作系统是否正常,并低速运转 3~5 min,正常后开始工作。

(4)装夹工件、工具必须牢固可靠,不得有松动现象,所用的扳手必须符合标准规格。

(5)在机床上进行上下工件,刀具紧固调整,变速及测量工件等工作必须停车。两人工作应协调一致。

(6)高速切削时,必须装护挡板,操作者要戴防护眼镜。

(7)工作台上不得放置工具、量具等其他物件。

(8) 切削中,头、手不得接近铣削面。取卸工件时,必须移开刀具后进行。

(9) 严禁用手摸或用棉纱擦拭正在转动的刀具和机床的传动部分。

(10) 拆装立铣刀时,台面须垫木板,禁止用手托刀盘。

(11) 装平铣刀,使用扳手扳螺母时,需要手摇进刀,不准快速进刀。正在走刀时,不准停车。铣深槽时要停车退刀。快速进刀时,注意手柄不能伤人。

(12) 吃刀不能过猛,自动走刀必须拉脱工作台上手轮,不许突然改变进刀速度。应把限位撞块预先调整好。

(13) 工作后,将工作台停在中间位置,升降台落到最低的位置上,清除铁屑和杂物,并将各部手柄放置"空位",关闭电源。

## 项目考核评价表

| 记录表编号 | | 操作时间 | 25 min | 姓名 | | 总分 | | |
|---|---|---|---|---|---|---|---|---|
| 考核项目 | 考核内容 | 要求 | 分值 | 评分标准 | | | 互评 | 自评 |
| 主要项目<br>(80分) | 安全文明操作 | 安全控制 | 15 | 违反安全文明操作规程扣15分 | | | | |
| | 操作规程 | 理论实践 | 15 | 操作是否规范,适当扣5~10分 | | | | |
| | 拆卸顺序 | 正确 | 15 | 关键部位一处扣5分 | | | | |
| | 操作能力 | 强 | 15 | 动手行为主动性,适当扣5~10分 | | | | |
| | 工作原理理解 | 表达 | 10 | 基本点是否表述清楚,适当扣5~10分 | | | | |
| | 清洗方法 | 正确 | 5 | 清洗是否干净,适当扣0~5分 | | | | |
| | 安装质量 | 高 | 5 | 多1件、少1件扣5分 | | | | |

## 项目报告单

| 项目 | |
|---|---|
| 班级 | 第_____组　组员 |
| 使用工具 | 说明 |
| 项目内容 | |
| 项目步骤 | |

| 项目结论（心得） | |
|---|---|
| 小组互评 | |

# 任务2　平面加工

## 【实习任务单】

| 学习任务 | 铣床外圆类零件加工基本操作 |
|---|---|
| | 1. 知识目标<br>　(1) 了解铣削加工的基本知识、铣削特点及加工范围；<br>　(2) 了解万能铣床的主要组成部件的名称及作用；<br>　(3) 铣削加工与铣削工艺；<br>　(4) 了解铣床常用部件的功能及加工范围；<br>　(5) 常用铣刀、量具、工具的选择及使用与工件的装夹方法及铣削方式。<br>2. 能力目标<br>　(1) 能够根据加工需要正确选择刀具、量具、加工方案等；<br>　(2) 机床的调整及使用；<br>　(3) 能够对产品进行自检、互检；<br>　(4) 铣削加工零件操作示范。<br>3. 素质目标<br>　(1) 培养学生对机床操作过程中具有安全操作、文明生产意识；<br>　(2) 培养学生在整个机床操作过程中的团队协作意识和吃苦耐劳的精神；<br>　(3) 培养学生正确选择并熟练使用量具；<br>　(4) 安全操作注意事项 |

## 一、任务描述

通过铣削的基础训练,使学生了解铣床的加工原理,加工范围,及在加工中的重要作用。铣削的基础训练,可使学生开动脑筋,激发他们的学习兴趣,从零部件的开发、加工、质量、成本、管理、安全、环保等方面,培养学生的工程意识,提高他们解决问题的能力、综合实践能力和创新能力。

## 二、任务实施

1. 学生分组,每小组 3~5 人;
2. 车间现场设备讲解并监督学生加工出合格产品;
3. 检查:以学生自检、互检、老师监督的形式对学生的产品进行评判;
4. 总结:给出训练成绩。

## 三、相关资源

1. 教材 2. 教学课件 3. 实训车间机床

## 四、教学要求

1. 认真进行课前预习,充分利用教学资源;
2. 团队之间相互学习,相互借鉴,提高学习效率

# 【任务实施】

### 一、操作步骤

1. 机床的调整及使用

(1)电源及冷却开关的使用。

(2)开关及快速按钮的使用。

(3)主轴变速及进给量的调整及表盘的使用。

(4)进给手动手柄的调整及使用。

(5)自动进给手柄的调整及使用。

(6)班次保养的保养及使用。

(7)铣刀的正确安装。

(8)铣床附件的正确安装。

2. 铣削加工零件操作及示范

(1)平口钳在铣床工作台上安装及调整要点。

(2)在平口钳上安装工件及调整方法。

(3)利用工件基准面,平口钳基准面装夹工件,选择铣削顺序。

(4)铣直角平面时工件安装及调整要点。

(5)切削用量的选择根据公式计算。切削用量的选择:当工件表面 $R_a$ 值为 6.3 时,通过一次粗加工就可达到尺寸。余量大的机床的动力不足时,可考虑 2~3 次切削,第一次加工量要大,使刀刃避开工件表面的锻铸焊的硬皮。铣削无硬度的金属材料时,$t = 3~5$ mm 铣铸钢铝 $t = 5~7$ mm。

(6)对刀切削:根据加工余量,表面粗糙度要求,可分粗、半精、精铣加工。

(7)铣削装夹顺序:以A面为粗基准,加工B面,以B面为精基准,靠固定钳口翼侧,加工A面。再以B面做基准,加工C面,以A面为基准,加工D面,以C面为垂直精基准,以B面靠近固定钳口一侧,加工F面,以F面和B面为精基准加工E面,保证各面尺寸。

3.铣削圆柱直齿齿轮

成型法加工——被加工齿轮齿槽相符的成型铣刀,在铣床上利用分度头逐齿加工而成的。

展成法加工——利用滚刀与被加工工件齿轮的相互啮合运动而加工出齿型的方法。

要加工一个直齿齿轮,$m=2$,$z=36$,压力角$\alpha=20°$,精度10级,步骤如下:

(1)根据工件要求选择机床,铣刀按要求选择6号模树铣刀。

(2)工件安装:利用分度头、尾架,把工件装夹正心轴上,一端夹在分度头口,一端顶在尾架顶尖上。找正:利用百分表校正工件与工作台的平行度、垂直度,工件与分度头的同心度、外圆跳动度。

(3)计算:公式$n=40/z=10/9=60/54$应选择孔数54的孔圈,每次分度手柄需转过1圈后再转过6个孔距。

(4)对刀:可通过画线法或切痕对中法,使刀对准工件中心线,铣出符合图纸要求的齿轮。

(5)选择切削用量:主轴转速$n=(60\times1000r)/(b\times\pi)$r/min。每分钟进给量:$rt=fz\times z\times n$ mm/min。切削$t$度:全齿高$h=2.25$,$2.25\times2=4.5$ mm。可分两次加工,粗加工选$t=3.5$ mm。公法线长度:$W=21.67$ mm。$H=1.46\times(W-W_1)$。精铣:把测量后所剩的余量一次切削。

**二、安全操作注意事项**

1. 开机前各部手柄必须放在空挡位置。
2. 操作机床,不许戴手套,女同学必须戴帽子。
3. 操作前加注润滑油,空车运转3 min。
4. 手动进给时不要太快,以免刀与工件相撞,装夹工件时要用原理铣刀。
5. 必须把刀停稳后,才能装卸工件和测量工件。
6. 加工时必须按操作规则进行。
7. 加工时严禁用毛刷清理工件上、平口钳上的铁屑。
8. 工作完毕,清理机床上的铁屑和工作场地的卫生。

**【相关知识】**

**一、万能卧式铣床**

铣床的主轴中心线与工作台面平行。其工作台有三个方向即垂直横向及纵向都可以移动。纵向工作台在水平面内还能向左右旋转0°~45°。如选择合理的附件和工具,几乎可以对任何形状的机械零件进行铣削。

## 二、立式铣床

铣床的主轴中心线与工作台面垂直。有的立式铣床因为加工需要,主轴还能向左右倾斜一定角度,以便铣削倾斜面。立式铣床一般用于铣削平面、斜面、沟槽或齿轮等零件。

## 三、龙门铣床

此铣床具有足够的刚度,适用于强力铣削,加工大型零件的平面、沟槽等。机床装有二轴、三轴甚至更多主轴以进行多刀、多工位的铣削加工,生产销率很高。

铣镗加工中心在生产中也获得了广泛应用。它可承担中小型零件的铣削或复杂面的加工。铣镗加工中心尚可进行铣、镗、绞、钻、纹丝等综合加工,在一次工件装夹中可以自动更换刀具,进行铣、钻、绞、镗、纹丝等多工序操作。

## 四、铣削加工

在铣床上,不同种类的铣刀和夹具构成统一体,完成多种形状和复杂工件的加工。常见的有平面、沟槽、阶台、特形面、螺旋线、齿轮等。铣刀属于多齿刀具,由于同时参加切削的齿数较多,参加切削的切削刃总长度较长,并能采用高速切削,所以铣削生产率高。如图3-10所示为各种典型表面的铣削加工。

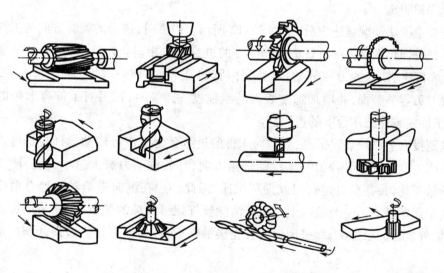

图3-10 各种典型表面的铣削加工

## 五、铣削方式

### 1. 周铣和端铣

铣削方式有周铣和端铣,如图3-11所示。用刀齿分布在圆周表面的铣刀而进行铣削的方式叫作周铣;用刀齿分布在圆柱端面上的铣刀而进行铣削的方式叫作端铣。

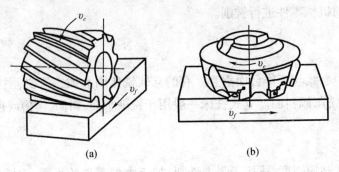

图 3-11 周铣和端铣

与周铣相比，端铣铣平面时较为有利，因为：

（1）端铣刀的副切削刃对已加工表面有修光作用，能使粗糙度降低。周铣的工件表面则有波纹状残留面积。

（2）同时参加切削的端铣刀齿数较多，切削力的变化程度较小，因此工作时振动较周铣为小。

（3）端铣刀的主切削刃刚接触工件时，切屑厚度不等于零，使刀刃不易磨损。

（4）端铣刀的刀杆伸出较短，刚性好，刀杆不易变形，可用较大的切削用量。由此可见，端铣法的加工质量较好，生产率较高，所以铣削平面大多采用端铣。但是周铣对加工各种形面的适应性较广，而有些形面（如成形面等）则不能用端铣。

2. 逆铣和顺铣

周铣有逆铣法和顺铣法之分，如图 3-12 所示。逆铣时，铣刀的旋转方向与工件的进给方向相反；顺铣时，则铣刀的旋转方向与工件的进给方向相同。逆铣时，切屑的厚度从零开始渐增。实际上，铣刀的刀刃开始接触工件后，将在表面滑行一段距离才真正切入金属。这就使得刀刃容易磨损，并增加加工表面的粗糙度。逆铣时，铣刀对工件有上抬的切削分力，影响工件安装在工作台上的稳固性。

顺铣则没有上述缺点。但是，顺铣时工件的进给会受工作台传动丝杠与螺母之间间隙的影响。因为铣削的水平分力与工件的进给方向相同，铣削力忽大忽小，就会使工作台窜动和进给量不均匀，甚至引起打刀或损坏机床，因此必须在纵向进给丝杠处有消除间隙的装置才能采用顺铣。但一般铣床上是没有消除丝杠螺母间隙的装置，只能采用逆铣法。另外，对铸锻件表面的粗加工，顺铣因刀齿首先接触黑皮，将加剧刀具的磨损，此时，也是以逆铣为妥。

## 六、铣平面

用铣削方法加工工件的平面称为铣平面。平面是构成机器零件的基本表面之一，铣平面是铣床加工的基本工作内容。

1. 铣平面的方法

（1）端铣刀铣平面

如图 3-13 所示，用端铣刀铣平面可以在卧式铣床上进行，铣出的平面与铣床工作台台面垂直;也可以在立式铣床上进行,铣出的平面与铣床工作台台面平行。端铣刀切削时,切削厚度变化小,参加切削刀齿多,工作平稳;铣刀的直径一般大于工件宽度,尽量在一次进行中铣出整个加工表面。

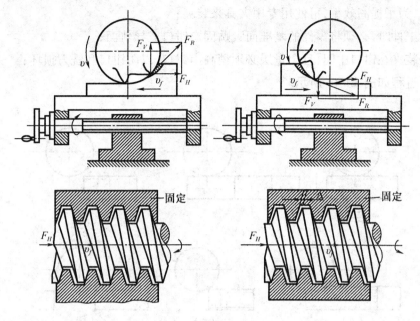

图 3-12 逆铣和顺铣

(a)逆铣;(b)顺铣

用端铣刀铣削平面具有下列优点:

①端铣刀的每个刀齿所切下的切削厚度变化较小,因此端铣时切削力变化小;

②端铣刀铣削时,同时参与切削的刀齿数较多,因此铣床主轴受力较稳定,铣削平稳;

③端铣刀直径可以做得很大,对于加工表面较宽的工件、平面可以一次切出,不需接刀;

④端铣刀刀轴短、强度高、刚性好,铣削时振动小,加工表面质量好;

⑤用端铣刀可进行高速切削,不重磨铣刀铣削,生产效率高。

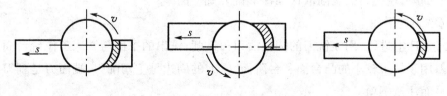

图 3-13 端铣刀铣平面

(2)圆柱形铣刀铣平面

圆柱铣刀有螺旋齿和直齿,前者刀齿是逐步切入切出,切削过程比较平稳。在卧式铣床上,铣出的平面与工作台台面平行,铣削平面均采用螺旋齿圆柱形铣刀,其加工步骤如下。

①由于用螺旋齿铣刀铣平面,排屑顺利,铣削平稳,所以用圆柱铣刀铣平面时,常采用螺旋齿铣刀,铣刀宽度大于工件待加工表面宽度,以保证一次进行就可铣完待加工表面;

②在铣床上加工平面时,一般都用机用虎钳或用螺栓、压板把工件装夹在工作台上,大批量生产中,为了提高效率,可使用专用夹具来装夹;

③装夹工件时,必须将零件的基准面紧贴固定钳口或导轨面;

④工件装夹在钳口中间,且余量层必须稍高出钳口,以防钳口和铣刀损坏;

⑤铣削过程如图 3-14 所示。

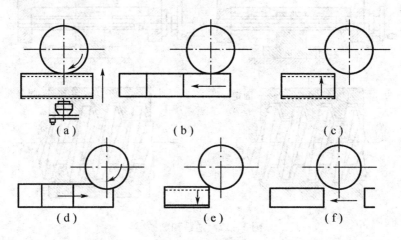

图 3-14 铣削过程

a. 先开动主轴,使铣刀转动,再摇动升降台进给手柄,使工件慢慢上升,当铣刀微接触工件后,在升降刻度盘上做记号;

b. 降下工作台,再纵向退出工件;

c. 利用刻度盘将工作台升高到规定的铣削深度位置,紧固升降台和横滑板;

d. 先用手动使工作台纵向进给,当工件稍被切入后,改为自动进给;

e. 铣完后停车,下降工作台;

f. 退回工作台,测量工件尺寸,测查表面粗糙度,重复铣削直到满足要求。

在铣平面时,端铣刀已逐渐取代圆柱形铣刀铣平面。

(3)立铣刀铣平面

在立式铣床上进行,用立铣刀的圆柱面刀刃铣削,铣出的平面与铣床工作台台面垂直,立铣刀用于加工较小的凸台面和台阶面,铣刀的周边是主切削刃,端面刃是副刀刃。

2. 铣平面注意事项

(1)铣削中途不要突然停止进给,接着又开始进给,否则会在停止的地方留下深啃槽。

(2)掌握好进刀深度,刻度盘处紧固螺母拧紧,防止螺母松动、刻度盘空转或滑转,而使进刀数值不准确。

(3)工件在粗铣中应留有一定精铣余量,防止超差。

(4)在转动刻度盘时,如果转过了预定的刻度线,应将手柄倒转一整转以上,使倒转数能够消除工作台丝杠和螺母的间隙后,再使刻度线准确对正刻度盘的刻度数。如果仅仅使它稍微向回倒转一点,退到预定的刻度线,由于丝杠和螺母之间的间隙没有消除,而使加工出来的尺寸小于所需尺寸。

(5)粗铣中要把工件表面黑皮全部铣去。对于有砂眼、凹坑等缺陷的表面或不规则的表面,在不影响尺寸的情况下,可多铣去些。平整的表面可少铣些,也不要把某一个表面铣的太多,以防铣其他面时,尺寸已达到要求,使切削面上仍带有黑皮等缺陷而造成废品。

(6)粗铣时要基本保证工件的正确形状,注意防止工件变形,因为工件粗铣后得到的形状不太正确或变形,在精铣时就很难纠正,造成加工困难。

(7)进给结束后,工作台快速返回时,应及时降低工作台,防止铣刀在刚加工过的表面上划出印痕而损坏表面质量。

3. 铣台阶面

台阶面是由两个互相垂直的平面构成。铣削台阶面时,同一把铣刀不同部位的切削刃同时进行铣削。由于铣削采用同一定位基准,因此可以满足阶台较高的尺寸精度、形状精度和位置精度要求。台阶面铣削方法有以下三种。

(1)三面刃铣刀铣台阶

三面刃铣刀的直径和刀齿尺寸都比较大,容屑槽大,所以刀齿强度和排屑、冷却性能均较好,生产效率高。铣削阶台和沟槽一般均采用三面刃铣刀在卧式铣床上进行,如图 3-15(a)所示。若工件上有对称阶台,则常采用两把直径相同的三面刃铣刀组合铣削,如图 3-15(b)所示。

(2)端铣刀铣台阶面

宽度较大而深度不深的台阶常采用端铣刀铣削。端铣刀直径大、刀杆刚度好,铣削时切屑厚度变化小、铣削平稳、生产效率高,如图 3-16 所示。

(3)立铣刀铣台阶面

立铣刀铣削适用于垂直面较宽,水平面较窄的阶台面,如图 3-17 所示。当阶台处于工件轮廓内部,其他铣刀无法伸入时,此方法加工很方便。通常立铣刀直径小、悬伸长、刚性差,所以不宜选用较大铣削用量。

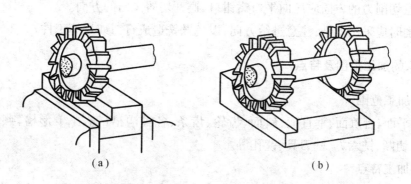

**图 3-15　用三面刃铣刀铣阶台面**

(a)三面刃铣刀铣阶台面;(b)三面刃铣刀铣组合铣削

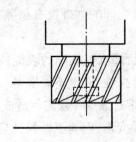
图 3-16 用端铣刀铣台阶面

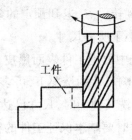
图 3-17 用立式铣刀铣台阶面

**4. 台阶面铣削加工步骤**

(1) 横向移动工作台,使铣刀在外,再上升工作台,使工件表面比铣刀刀刃高,但不能超过 16 mm。

(2) 找正平口钳,装夹工件。

(3) 开动机床,使铣刀旋转,并移动横向工作台,使工件侧面渐渐靠近铣刀。

(4) 把横向工作台的刻度盘调整到零线位置,下降工作台,摇动手柄,使工作台横向移动 6.5 mm,并把横向固定手柄扳紧。

(5) 调整铣削层深度,先渐渐上升工作台,直到工件顶面与铣刀刚好接触。纵向退出工件,再上升 16 mm,并把垂直移动的固定手柄扳紧,接着即可开动机床和切削液泵,进行切削。

(6) 在铣另一边的台阶时,铣削层深度可采取原来的深度,不必再重新调整。

在第一个工件加工时,可少铣去一些余量,然后根据测量的数据,进行第二次调整,并记录刻度值,再铣去余量。待第一个工件合格后,再铣其余的工件。

**3. 注意事项**

(1) 开车前应仔细检查铣刀及工件装夹是否牢固,安装位置是否正确。

(2) 开车后检查铣刀旋转方向是否正确,对刀和调吃刀深度应在开车时进行。

(3) 铣削加工时,按照先粗铣后精铣的方法,提高工件的加工精度和表面质量。

(4) 注意切削力的方向应压向平口钳钳口,避开切屑飞出的方向。

(5) 铣削时应采用逆铣,注意进给方向,以免顺铣造成打刀或损坏工件。

### 七、铣床的加工范围及特点

**1. 铣床加工范围**

可加工平面、台阶面、垂直面、斜面、齿轮、齿条、各种沟槽(直槽,T 形槽,燕尾槽,V 形槽)成形面、切断、铣六方、铣刀具、镗孔等。

**2. 铣床加工特点**

加工范围广,适合批量加工,效率高。铣刀属多齿工具,根据刀具的不同,出现断续切削,刀齿不断切入或切出工件,切削力不断发生变化,产生冲击或振动,影响加工精度和工件表面粗糙度。

铣床加工精度为 179～177；表面粗糙度为 $R_a 6.3～1.6\ \mu m$。

### 3. 万能卧式铣床主要成分的名称及作用

（1）万能卧式铣床型号

X6132 铣床：(X62W)

其中，X 为铣床类，6 为卧式铣床，1 为万能升降台铣床，32 为工作台宽度 1/10。

（2）铣床的组成名称及作用

①床身：用来固定和支承铣床所有部件，内装电动机，主轴变速机构等。

②横梁：用于安装吊架，支撑刀杆，增强刀杆强度。

③主轴：空心轴前端有 7:24 的锥孔，用于安装铣刀或铣刀刀杆，并带动铣刀旋转，是铣床的主运动。

④纵向工作台：带动工件，做纵向进给运动。

⑤横向工作台：带动工件，做横向进给运动。

⑥转台：可带动工作台作左右 0°～45°的转动。

⑦升降台：带动工件做垂直进给运动。

⑧底座：用来支承床身和升降台，内装切削液。

### 4. 万能立式铣床的主要组成成分的名称及作用

万能立式铣床型号：X5032 铣床(X52I)

铣床的规格、操纵机构、传动变速情形等与 X6132 型铣床基本相同。主要不同点如下：

（1）X5032 型铣床的主轴位置与工作台面垂直，安装在可以偏转的铣头壳体内；

（2）X5032 型铣床的工作台与横向溜板连接处没有回转盘，所以工作台在水平面内不能扳转角度。

## 八、铣削加工与铣削工艺

### 1. 铣削加工

铣削加工是在铣床上利用铣刀旋转对工件进行切削加工方法。铣刀是旋转的多刃刀具。铣削是多刃加工，且铣刀可使用较大的切削速度，无空回程，故生产效率高。

### 2. 铣削用量

它包括铣削速度、进给量、铣削宽度和深度。

（1）切削速度 $V_c$

切削速度即为铣刀最大直径的线速度：

$$V_c = \pi dn/1000 \quad m/min$$

（2）进给量

指刀具在进给运动方向上相对工件的位移量。

有三种方式：

①每齿进给量 $f_z$，mm/z；

②每圈进给量 $f$，mm/r；

③每分钟进给量，mm/min。铣床多用每分钟进给量 $V_f = f \cdot n = f_z \cdot z_n$ mm/min。

(3)背吃刀量

背吃刀量也就是切削深度 $a_p$，它是沿铣刀轴线方向测量的切削层尺寸。

(4)侧吃刀量

侧吃刀量就是切削宽度 $a_e$，它是沿垂直与铣刀轴线上的测量的切削层尺寸。

3. 选择铣削用量的次序

首先选择较大的铣削宽度、深度，其次是加大进给量，最后才是根据刀具耐用度的要求，选择适宜的铣削速度。

4. 铣削方式

(1)逆铣

铣刀的旋转方向与工件进给方向相反的铣削形式称为逆铣。

(2)顺铣

铣刀旋转方向与工件进给方向相同的铣削方式称顺铣。

(3)端铣

(4)端铣的铣削方式有对称和不对称铣削两种。铣削时铣刀的轴线位于工件中心，这种铣削称为对称铣削。铣刀的轴线偏于工件的一侧时的铣削，称为不对称铣削。

**九、铣床常用附件的功能及加工范围**

常用铣床附件有万能分度头、万能铣头、平口钳、回转工作台等。

1. 万能分度头

(1)万能分度头的传动系统

分度头的基座上有回转件，回转件上有主轴，分度头主轴可随回转件在铅垂面内振动或水平、垂直或倾斜位置，分度时摆动分度手柄，通过蜗杆蜗轮带动分度头主轴旋转。分度头的传动比 $i$ = 蜗杆的头数/蜗轮的齿数 = 1/40，即当手柄通过速比为 1:1 的一对直齿轮带动蜗杆转动一周时，蜗轮带动转过 1/40 周，如果工件整个圆周上的等分数 $z$ 为已知，则每一等分要求分度头主轴 $1/z$ 圈，这时分度头手柄所需转动的圈数 $n$ 可由下式算出：

$$1:40 = n \cdot 1/z \quad 即 \quad n = 40/z$$

(2)简单分度方法

分度头具有两块分度盘，盘两面钻有许多孔以被分度时用（见实物）。

加工一齿轮齿数为 $z=50$ 的工件，手柄应怎么转动？（分度盘孔数为 24,25,28,30,34）

根据公式 $n=40/z=40/50=20/25$ 每次分度时分度手柄应在 25 孔圈上转过 20 个孔距。

(3)分度头的加工范围

分度头应用广泛，可加工圆锥形状零件，可将圆形的或是直线的工件精确的分割成各种等份，还可以加工刀具、沟槽、齿轮、渐升线、凸轮以及螺旋线零件等。

2. 万能铣头

万能铣头是一种扩大卧式铣床加工范围的附件，利用它可以在卧式铣床上进行立铣工作，使用时卸下横梁，装上万能铣头，根据加工需要其主轴在空间可以转成任意方向。

### 3. 平口钳

它有固定钳口和活动钳口,通过丝杆螺母,传动钳口间距离,可装夹直径不同的工件。平口钳装夹工件方便、时间少、效率高。适合装夹扳类零件、轴类零件和方体零件。

### 4. 回转工作台

在回转工作台上,首先校正工件。圆弧中心与转台中心重合铣刀旋转,工件做弧线进给运动,可加工圆弧槽、圆弧面等零件。

### 十、常用铣刀、量具、刀具的选择几使用与的装夹方法及铣削方法

1. 铣刀的种类与应用

铣刀是一种多刀齿具,切削时每齿周期性切入和切出工件,对散热有利,铣削效率较高。铣刀的种类很多,根据铣刀的安装方法分为带柄铣刀和带孔铣刀两大类。

(1) 带柄铣刀

立铣刀可分为直柄和锥柄两种。直柄从 $\phi2 \sim \phi20$ mm,锥柄铣刀从 $\phi14 \sim \phi50$ mm,(直锥柄有键槽铣刀)。可加工平面、台阶面、键槽和直槽等。还有T形、燕尾等带柄铣刀。

(2) 带孔铣刀

①圆柱形铣刀——可加工平面;

②三面刃铣刀——可加工平面、直槽;

③据片铣刀——可加工直槽并切断工件;

④模数铣刀——可加工齿轮齿条;

⑤凸半圆铣刀——可加工凹半圆槽;

⑥凹半圆铣刀——可加工凸半圆槽;

⑦不对称角度铣刀——可加工斜面;

⑧对称角度铣刀——可加工斜面、V形槽。

2. 铣刀角度在加工过程中的正确选择

(1) 前角的选择

前角是刀具上最重要的一个角度,它的大小直接影响刀刃的锋利与牢固程度,决定刀具的切削性能。

①加工塑性材料,应选择较大前角;加工脆性,工件强度和硬度高的,前角应选得小一些。

②粗加工前角选择小一些,精加工应选择较大的前角。

③高速钢刀抗冲击韧性好,可选择较大的前角,硬质合金刀抗冲击性较差,应选择较小的前角。

④机床工件,刀具刚性较差,应选择较大的前角。

(2) 后角的选择

①加工塑性材料,应选择较大的后角,加工硬质材料,应选择较小的后角;

②粗加工,为保证刃口的强度应取小一些的后角,精加工提高工件表面质量,应选择较大的后角;

③高速钢的刀具的后角可以比硬质合金工刀具的后角大 2°~3°。

3. 铣刀的安装

(1) 带柄铣刀的安装

直径较小的铣刀,可用弹簧夹安装。当铣刀的锥柄和主轴的锥柄相符是,可直接用于安装。当铣刀的锥柄与主轴不符时,用一个内孔与铣刀锥柄相符而外锥与主轴孔相符的过渡套将铣刀装入主轴孔内。

(2) 带孔铣刀的安装

①铣刀应尽可能地靠近主轴,以保正刀杆的刚度,套筒的端面和刀的端面要擦干净,减少刀的跳动,拧紧刀杆的压紧螺母时,必须先装上吊架,以防刀杆受力弯曲;

②带孔的铣刀是靠专用的心轴安装的,如套式铣刀、面铣刀,属于短刀杆安装。

4. 铣床常用量具(操作中,讲解量具使用方法)

为了确保零件的加工质量,应对被加工的零件进行表面粗糙度、尺寸精度、形状精度和位置精度进行测量,用于测量的工具成为量具。

(1) 游标卡尺——可测量外表尺寸,内表面尺寸及深度;

(2) 百分尺——外内径及深度百分尺,可测外表面外径、内孔径深度;

(3) 百分表——测量端面和径向跳动,测量平行度,工件安装找正;

(4) 深度游标卡尺——测量深度和高度;

(5) 高度游标卡尺——测量高度及精密画线用;

(6) 直角尺——直角尺测量垂直度误差;

(7) 万能角度尺——测量工件的内外角度。

5. 铣床的常用工具

铣床在加工中的常用工具有:双头扳手、活动扳手、手锤、锉刀、铜榔头、内六方扳手等工具。

6. 常用装夹方法

常用装夹方法有平口钳装夹,万能分度头装夹,回转工作台装夹,压扳螺钉装夹。

7. 常用的加工方法

(1) 端铣刀铣平面和垂直面;

(2) 圆柱铣刀铣水平面;

(3) 立铣刀铣水平面和垂直面;

(4) T 形刀铣削 T 形槽;

(5) 燕尾铣刀铣削燕尾槽;

(6) 齿形加工模数铣刀;

(7) 三面刃铣刀铣平面及直槽;

(8) 锯片铣刀铣直槽及切断;

(9) 成形铣刀铣螺旋槽;

(10) 键槽铣刀铣键槽。

## 项目考核评价表

| 记录表编号 | | 操作时间 | 25 min | 姓名 | | 总分 | | |
|---|---|---|---|---|---|---|---|---|
| 考核项目 | 考核内容 | 要求 | 分值 | 评分标准 | | | 互评 | 自评 |
| 主要项目（80分） | 安全文明操作 | 安全控制 | 15 | 违反安全文明操作规程扣15 | | | | |
| | 操作规程 | 理论实践 | 15 | 操作是否规范，适当扣5~10 | | | | |
| | 拆卸顺序 | 正确 | 15 | 关键部位一处扣5 | | | | |
| | 操作能力 | 强 | 15 | 动手行为主动性，适当扣5~10 | | | | |
| | 工作原理理解 | 表达 | 10 | 基本点是否表述清楚，适当扣5~10 | | | | |
| | 清洗方法 | 正确 | 5 | 清洗是否干净，适当扣0~5 | | | | |
| | 安装质量 | 高 | 5 | 多1件、少1件扣5 | | | | |

## 项目报告单

| 项目 | |
|---|---|
| 班级 | 第_____组　组员 |
| 使用工具 | 说明 |
| 项目内容 | |
| 项目步骤 | |
| 项目结论（心得） | |
| 小组互评 | |

## 任务3 沟槽加工基本操作

【实习任务单】

| 学习任务 | 铣床外圆类零件加工基本操作 |
|---|---|
| 学习目标 | 1. 知识目标<br>　(1)掌握铣床设备的使用规范与操作规程；<br>　(2)掌握在铣床上进行加工。<br>2. 能力目标<br>　(1)能够根据加工需要正确选择刀具、量具、加工方案等；<br>　(2)能够对产品进行自检、互检。<br>3. 素质目标<br>　(1)培养学生对机床操作过程中具有安全操作、文明生产意识；<br>　(2)培养学生在整个机床操作过程中的团队协作意识和吃苦耐劳的精神。<br>　(3)培养学生正确选择并熟练使用量具。 |

一、任务描述

通过老师现场对实际案例(图纸)的加工操作演示使学生掌握铣床的基本操作过程,能够根据加工需要正确选择、安装、使用刀具、正确选择机床切削用量,并按图纸要求加工出合格的产品。

二、任务实施

1. 学生分组,每小组3~5人；

2. 车间现场设备讲解并监督学生加工出合格产品；

3. 检查:以学生自检、互检、老师监督的形式对学生的产品进行评判；

4. 总结:给出训练成绩。

三、相关资源

1. 教材 2. 教学课件 3. 实训车间机床

四、教学要求

1. 认真进行课前预习,充分利用教学资源；

2. 团队之间相互学习,相互借鉴,提高学习效率。

【任务实施】

### 一、铣沟槽

**1. 直角沟槽的铣削**

直角沟槽分为通槽、半通槽和不通槽三种形式,如图3-18所示。

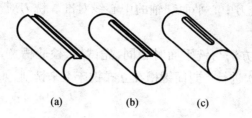

图 3-18 直槽的种类

(a)通槽;(b)半通槽;(c)不通槽

较宽的通槽常用三面刃铣刀加工,较窄的通槽可用锯片铣刀或小尺寸的立铣刀加工,较长的不通槽也可先用三面刃铣刀铣削中间部分,再用立铣刀铣削两端圆弧。

键槽的加工与铣直槽一样,常使用键槽铣刀,只是半圆键槽的加工需用半圆键槽铣刀来铣削,如图 3-19 所示。

开口键槽可在卧式铣床上用三面刃铣刀来铣削,如图 3-20 所示。

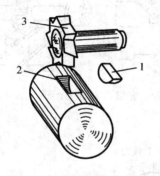

图 3-19 半圆键槽的铣削

1-半圆键;2-半圆键槽;3-键槽铣刀

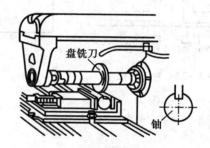

图 3-20 在卧式铣床上铣开口键槽

2. 铣削步骤

(1)选择及安装铣刀。三面刃铣刀的宽度应根据键槽的宽度选择。铣刀必须装得准确,不应左右摆动。

(2)安装工件。轴类工件常用虎钳安装。为了使铣出的键槽平行于轴的中心线,虎口虎钳须与纵进给方向平行,如图 3-21 所示。装夹工件时,应使轴的端部伸出钳口外,以便对刀和检验键槽尺寸。

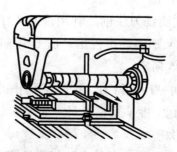

图 3-21 用杠杆表校正钳口

(3) 对刀。铣削时,铣刀中心平面和轴的中心线对准。铣刀对准后,将横溜板紧固,如图 3-22 所示。

(4) 调整铣床。调整方法与铣平面时相同,先试切,检验槽宽,然后铣出键槽的全长。铣较深的键槽时,需分几次进行。封闭键槽在立式铣床上来铣削,如图 3-23 所示。

## 二、V 形槽的铣削

1. 角度铣刀铣出 V 形槽

如图 3-24 所示,先用锯片铣刀将槽中间的窄槽铣出,窄槽的作用是使用角度铣刀铣 V 形面时,保护刀尖不被损坏,同时,使与 V 形槽配合的表面间能够紧密贴合。铣削时,应注意使窄槽中心与 V 形槽中心相重合。

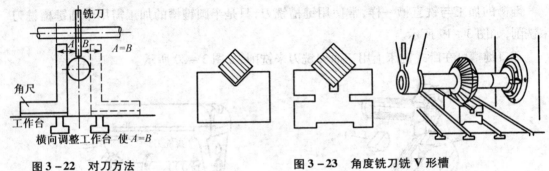

图 3-22　对刀方法　　　　图 3-23　角度铣刀铣 V 形槽

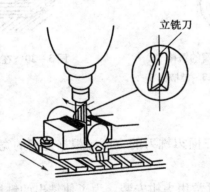

图 3-24　在立式铣床上铣封闭键槽

(2) 改变铣刀切削位置铣 V 形槽

加工 90°V 形槽时,可用套式面铣刀铣削。利用铣刀圆柱面刀齿与端面刀齿互成垂直的角度关系,将铣头转动 45°,把 V 形槽一次铣出。加工中选择好铣刀直径,防止用小直径铣刀铣大尺寸 V 形槽,如图 3-25 所示。

如果 V 形槽夹角大于 90°,可使用立铣刀。按照 V 形槽的一半的角度 $\theta$ 转动铣头先铣出一面,然后使铣头转动 $2\theta$ 的角度,将 V 形槽的另一面加工出来,如图 3-26 所示。

3. 改变工件装夹位置铣 V 形槽

如图 3-27 所示,使用专用夹具改变工件安装位置铣 90°的 V 形槽的情况。工件安装位置倾斜45°,用三面刃铣刀或其他直角铣刀切削。在轴件上铣V形槽,轴件安装在万能分度头上,用盘形槽铣刀或三面刃铣刀切削。当铣刀中心线对正工件中心线后先铣出直角槽,然后,将工件按图中箭头方向旋转一个角度为 $\theta$($\theta$ 为V形槽角度的一半),同时,使工件台移动距离 $B$,铣出V形槽的一面后,在使工件反转 $2\theta$ 的角度,并使工作台反向移动 $2B$ 的距离,将V形槽的另一面铣出。

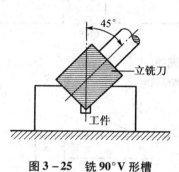

图3-25 铣90°V形槽

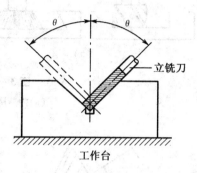

图3-26 立铣刀转角度铣形槽

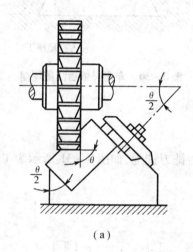

(a)

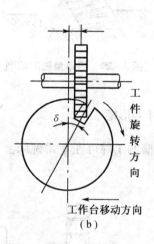

(b)

图3-27 改变工件装夹位置铣V形槽

### 三、燕尾槽的切削

带燕尾槽的零件在铣床和其他机械中经常见到,如车床导轨、铣床床身和悬梁相配合的导轨槽就是燕尾槽。

铣削燕尾槽要先铣出直角槽,然后使用燕尾槽铣刀铣削燕尾槽。如图3-28所示,图(a)为内燕尾铣削,图(b)为外燕尾铣削。铣削时燕尾槽铣刀刚度弱,容易折断,所以,在切削中,要经常清理切屑,防止堵塞。选用的切削用量要适当,并且,注意充分使用切削液。

铣削燕尾槽,在缺少燕尾槽铣刀的情况下,可以使用单角铣刀代替进行加工,如图3-29所示。这时,单角铣刀的角度要和燕尾槽角度相一致,并且铣刀杆不要露出铣刀端面,防止有碍切削。

批量生产中,可使用专用样板检查,如图 3-30 所示。要求精密测量时,必须使用检测内外燕尾槽的专用工具。

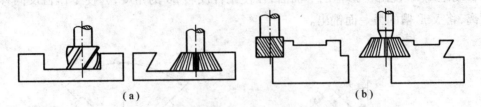

图 3-28 铣削燕尾槽
(a)内燕尾铣削;(b)外燕尾铣削

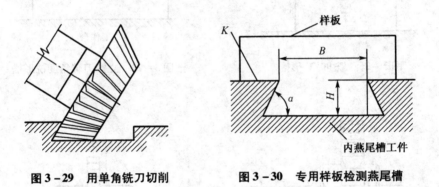

图 3-29 用单角铣刀切削　　　图 3-30 专用样板检测燕尾槽

## 四、铣削 T 形槽

铣 T 形槽的工件可在立式铣床上,用 T 形槽铣刀铣削,如图 3-31 所示为 T 形槽的铣削方法。

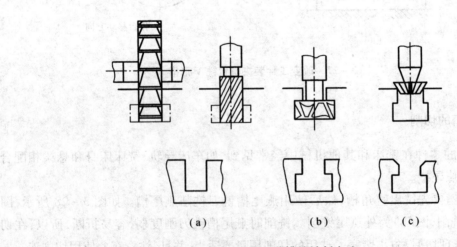

图 3-31 T 形草槽的铣削方法
(a)铣直槽;(b)加工底槽;(c)倒角

1. 铣T形槽的加工步骤

(1) 在工件表面画上线痕,找对位置再正确装夹;

(2) 先用三面刃铣刀或立铣刀铣出直槽,然后用T形槽铣刀加工底槽;

(3) 铣刀安装后,对准工件印痕,开始切削;切削时,采用手动进给,铣刀全部切入工件后,再用自动进给进行切削;

(4) 铣T形槽时,由于排屑、散热都比较困难,加之T形槽铣刀的颈部较小,容易折断,所以在铣削中要充分使用切削液,注意及时排除切屑,防止堵塞,并且不宜选用过大的铣削用量。

2. 注意事项

(1) 加工键槽前,应认真检查铣刀尺寸,可以先试加工;

(2) 铣削用量要合适,避免产生"让刀"现象,以免将槽铣宽;

(3) 切断钢件时,要充分浇注切削液,避免"夹刀"现象;

(4) 切断工件时,切口位置尽量靠夹紧部位,以免工件振动造成打刀;

(5) 铣削时不准测量工件,不准手摸铣刀和工件;

(6) 铣T形槽时切削不易排出,会产生塞刀损坏刀具,应及时清除切削,清除切削要注意安全;

(7) 铣T开形槽时切削热不易散发,铣钢件应施加切削液;

(8) 在铣刀将要切出工件时进给速度要减慢,以免因顺铣或工作台窜动损坏铣刀;

(9) 铣直槽时深度可留1 mm余量,铣底槽时将深度铣够,要使T形槽铣刀工作平稳。

### 五、铣螺旋槽

在铣床上,常用万能分度头铣削带有螺旋线的工件,这类工件的铣削称为铣螺旋槽。

1. 铣削螺旋槽

(1) 螺旋线的概念

如图3-32铣削螺旋线所示,当直径为$D$的圆柱体在直角三角形纸片$ABC$上滚动一周或者直角三角形纸片$ABC$绕圆柱转动一周,斜边$AB$在圆柱体上的轨迹或形成曲线就是"螺旋线"。

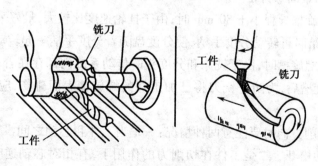

**图3-32 铣削螺旋线**

(2) 螺旋线的要素

螺旋线绕圆柱一周后,在周线方向所移动的距离即为导程,用 $L$ 来表示;螺旋角是螺旋线与圆柱体轴线之间的夹角即螺旋角,用 $\beta$ 表示;螺旋升角是螺旋线与圆柱面之间的夹角即螺旋升角,用 $\lambda$ 表示,它们之间的关系式为

$$L = \pi D \cot \beta$$

(3) 铣削螺旋槽的要点

①铣螺旋线必须在万能铣床上进行,每铣完一条螺旋线,分度后,接着铣下一条螺旋线。

②铣螺旋线要先使铣刀中心对正工件中心,为了保证工作台扳动后,工件仍能与铣刀中心对正,分度头的定位键要嵌入工作台正中间的 T 形槽内。

③如图 3-33 所示,螺旋线的螺旋方向是由工件的进给方向和工件转动的方向决定的,绕右螺旋线应使工件逆时针方向旋转,工件自右向左进给,铣左螺旋线则相反。

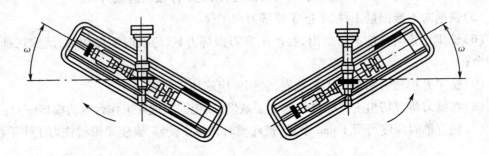

图 3-33　铣螺旋线工作台扳转方向和角度

④螺旋线的截面形状各种各样(如三角形、梯形、矩形等),所以选用的铣刀也必须符合螺旋槽形状。在铣矩形螺旋槽时,只能用立铣刀,不能用三面刃铣刀,否则,铣刀齿会划破槽壁,使铣出的沟槽形状改变。

2. 注意事项

(1) 在铣削螺旋槽时,工件需要随纵向工作台进给而连续移动,必须将分度头主轴的紧固手柄和分度盘的紧固螺钉松开。

(2) 当工作螺旋槽导程小于 80 mm 时,由于挂轮速度比较大,最好采用手动进给。在实际工作中,手动进给时可转动分度手柄,使分度盘随着分度手柄一起转动。

(3) 加工多头螺旋槽时,由于铣床和分度头的传动系统内都存在着一定的传动间隙,因此在每次铣好螺旋槽后,为防止铣刀将已加工好的螺旋槽表面碰伤,应在返程前将升降台下移一段距离。

(4) 在确定铣削方向时要注意两种情况:一是当工件和芯轴之间没有定位键时,要注意芯轴螺母是否自动松开。二是工件在切削力的作用下,有相对芯轴逆时针转动的趋向,由于端面摩擦力的关系,所以螺母也会跟着做逆时针转动而逐渐松开。

## 项目考核评价表

| 记录表编号 | | 操作时间 | 25 min | 姓名 | | 总分 | | |
|---|---|---|---|---|---|---|---|---|
| 考核项目 | 考核内容 | 要求 | 分值 | 评分标准 | | | 互评 | 自评 |
| 主要项目<br>（80分） | 安全文明操作 | 安全控制 | 15 | 违反安全文明操作规程扣15分 | | | | |
| | 操作规程 | 理论实践 | 15 | 操作是否规范，适当扣5~10分 | | | | |
| | 拆卸顺序 | 正确 | 15 | 关键部位一处扣5分 | | | | |
| | 操作能力 | 强 | 15 | 动手行为主动性，适当扣5~10分 | | | | |
| | 工作原理理解 | 表达 | 10 | 基本点是否表述清楚，适当扣5~10分 | | | | |
| | 清洗方法 | 正确 | 5 | 清洗是否干净，适当扣0~5分 | | | | |
| | 安装质量 | 高 | 5 | 多1件、少1件扣5分 | | | | |

## 项目报告单

| 项目 | |
|---|---|
| 班级 | 第____组　组员 |
| 使用工具 | 说明 |
| 项目内容 | |
| 项目步骤 | |
| 项目结论（心得） | |
| 小组互评 | |

## 任务4　等分零件加工基本操作

【实习任务单】

| 学习任务 | 铣床外圆类零件加工基本操作 |
|---|---|
| 学习目标 | 1. 知识目标<br>　　(1)掌握铣床设备的使用规范与操作规程；<br>　　(2)掌握在铣床上进行加工。<br>2. 能力目标<br>　　(1)能够根据加工需要正确选择刀具、量具、加工方案等；<br>　　(2)能够对产品进行自检、互检。<br>3. 素质目标<br>　　(1)培养学生对机床操作过程中具有安全操作、文明生产意识；<br>　　(2)培养学生在整个机床操作过程中的团队协作意识和吃苦耐劳的精神。<br>　　(3)培养学生正确选择并熟练使用量具。 |
| 一、任务描述<br>　　通过老师现场对实际案例(图纸)的加工操作演示使学生掌握铣床的基本操作过程，能够根据加工需要正确选择、安装、使用刀具、正确选择机床切削用量。并按图纸要求加工出合格的产品。<br>二、任务实施<br>　　1.学生分组，每小组3~5人；<br>　　2.车间现场设备讲解并监督学生加工出合格产品；<br>　　3.检查：以学生自检、互检、老师监督的形式对学生的产品进行评判；<br>　　4.总结：给出训练成绩。<br>三、相关资源<br>　　1.教材 2.教学课件 3.实训车间机床<br>四、教学要求<br>　　1.认真进行课前预习，充分利用教学资源；<br>　　2.团队之间相互学习，相互借鉴，提高学习效率。 ||

【任务实施】

　　加工如图3-34所示零件，应遵循以下步骤。

图 3-34 六棱体

(1) 划分万能分度头,六棱柱角度为 120°,将万能分度头分成三等分。公式为 $40/6 = 6\frac{2}{3}$ (6 整圈加 $\frac{2}{3}$ 圈),将指针停在画线处,锁紧万能分度头手柄。

(2) 打开铣床总电源,调转数(600 r/min),调进给速度(30 mm/min)。

(3) 将工作台左右移动方向的螺母锁紧。

(4) 对刀:调整工件长度(工件的加工长度为平面铣刀的直径长度),启动机器,主轴转动。将平面铣刀移到工件的正上方(扳动前后移动手柄,距离较远时,可以使用快速按钮,点动),摇动大手柄(工件向上移动),当铣刀与工件发生切削时,对刀完成。

(5) 进给:扳动前后手柄(将工件向外移动,远离刀具),然后转动大手柄进给(进给量不要大于 2 圈)。记住粗加工时刻度盘上的刻度。

(6) 加工:扳动前后手柄(将工件向里移动进行切削)。

(7) 退刀:当工件移动到铣刀中间处,退刀(将前后手柄向外扳动,使用快速按钮点动退刀)。

(8) 打开顶尖和万能分度头的锁紧手柄,摇动万能分度头的手轮,6 整圈加 $\frac{2}{3}$ 圈,此时转动到第二个工作面,然后锁紧顶尖和万能分度头手柄。向里扳动前后手柄,进行加工。其余 4 个工作面也是同样的加工顺序。接下来进行精加工。

(9) 测量:根据所测量工件的尺寸,在粗加工时刻度盘的基础上进给多少,然后记住此时刻度盘上的刻度。

(10) 加工:向里扳动前后手柄,工件进行切削,精加工时,要让铣刀完全走过加工工件的表面。

(11) 退刀:记住此时刻度盘上的刻度。将大手柄反摇半圈,向外扳动前后手柄,按动快速按钮点动,退刀完成。

(12) 打开顶尖和万能分度头的锁紧手柄,摇动万能分度头的手轮,6 整圈加 $\frac{2}{3}$ 圈,此时转动到第二个工作面,然后锁紧顶尖和万能分度头手柄。然后转动大手柄到所记住的刻度尺寸,向里扳动前后手柄,进行加工。其余 4 个工作面也是同样的加工顺序。

(13) 测量:工件直径 = 34 mm,加工长度为 100 mm。

(14) 卸件。

(15)清扫机床。

**项目考核评价表**

| 记录表编号 | | 操作时间 | 25 min | 姓名 | | 总分 | | |
|---|---|---|---|---|---|---|---|---|
| 考核项目 | 考核内容 | 要求 | 分值 | 评分标准 | | | 互评 | 自评 |
| 主要项目<br>(80分) | 安全文明操作 | 安全控制 | 15 | 违反安全文明操作规程扣15分 | | | | |
| | 操作规程 | 理论实践 | 15 | 操作是否规范,适当扣5~10分 | | | | |
| | 拆卸顺序 | 正确 | 15 | 关键部位一处扣5分 | | | | |
| | 操作能力 | 强 | 15 | 动手行为主动性,适当扣5~10分 | | | | |
| | 工作原理理解 | 表达 | 10 | 基本点是否表述清楚,适当扣5~10分 | | | | |
| | 清洗方法 | 正确 | 5 | 清洗是否干净,适当扣0~5分 | | | | |
| | 安装质量 | 高 | 5 | 多1件、少1件扣5分 | | | | |

**项目报告单**

| 项目 | |
|---|---|
| 班级 | 第_____组　　组员 |
| 使用工具 | 　　　　　　　　　　　　说明 |
| 项目内容 | |
| 项目步骤 | |
| 项目结论<br>(心得) | |
| 小组互评 | |

# 项目4 磨床加工训练

## 任务1 磨床的基本操作

【实习任务单】

| 学习任务 | 磨床外圆类零件加工基本操作 |
|---|---|
| 学习目标 | 1. 知识目标<br>　(1)掌握磨床设备的使用规范与操作规程；<br>　(2)掌握在磨床上进行加工。<br>2. 能力目标<br>　(1)能够根据加工需要正确选择刀具、量具、加工方案等；<br>　(2)能够对产品进行自检、互检。<br>3. 素质目标<br>　(1)培养学生对机床操作过程中具有安全操作、文明生产意识；<br>　(2)培养学生在整个机床操作过程中的团队协作意识和吃苦耐劳的精神。<br>　(3)培养学生正确选择并熟练使用量具。 |
| 一、任务描述<br>　　通过老师现场对实际案例(图纸)的加工操作演示使学生掌握铣床的基本操作过程,能够根据加工需要正确选择、安装、使用刀具、正确选择机床切削用量。并按图纸要求加工出合格的产品。<br>二、任务实施<br>　1.学生分组,每小组3～5人；<br>　2.车间现场设备讲解并监督学生加工出合格产品；<br>　3.检查:以学生自检、互检、老师监督的形式对学生的产品进行评判；<br>　4.总结:给出训练成绩。<br>三、相关资源<br>　1.教材 2.教学课件 3.实训车间机床<br>四、教学要求<br>　1.认真进行课前预习,充分利用教学资源；<br>　2.团队之间相互学习,相互借鉴,提高学习效率。 | |

【任务实施】

(1)工作前,穿戴好工作服,女同学必须戴上安全帽,不准戴手套工作,以免被机床的旋

转部分绞住,造成事故;

(2)未了解机床的性能和未得到实习指导人员的许可,不得擅自开动机床;

(3)砂轮旋转速度很快,故安装、紧固、使用等都要处处小心,在使用前检查砂轮四周有无裂缝,如发现有裂缝,要更换后才能使用;

(4)机床启动前必须检查机床各转动部分的润滑情况是否良好,各运动部件是否受到阻碍,防护装置是否完好,机床上及其周围是否堆放有碍安全的物件;

(5)机床运转时,操作者不能随时离开运转中的机床;

(6)拆装工件或搬动附件时,手要拿稳,勿使物件敲击台面或碰撞砂轮,特别注意防止手或手臂碰着砂轮;

(7)把砂轮引向工件的时候,应当缓慢而均匀,避免冲撞;

(8)在校正台面或拆装工件时,首先要退出砂轮(注意进退方向);

(9)摇动工作台要特别注意避免撞上砂轮、磨头或尾座;

(10)发现异常现象应立即停车并向实习指导人员报告;

(11)工作完毕切断电源,必须整理工具并做好机床的清洁工作。

## 【相关知识】

### 一、磨具

所谓磨具,即用不同的黏合剂,将磨料黏结成一定的几何形状或膏状,用于磨削、抛光、研磨等的工具。

1. 磨具的结构

磨具一般是由磨料、黏合剂、气孔三要素组成。如图4-1所示磨料是构成模具的主体,是磨具产生切削作用的根本因素,它是用来黏结磨粒的材料,能使磨具具有一定几何形状和强度。磨粒和黏合剂之间的空隙,称为磨具的气孔。根据切削过程的需要,控制气孔的大小、多少及均匀性,能改善磨具的切削性,同时在磨削过程中气孔起到容屑、排屑和散热的作用。

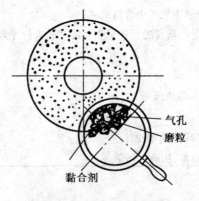

图4-1 砂轮结构示意图

## 2. 磨具的分类

由于磨具的用途非常广泛,因使用方法、加工对象、加工要求各不相同,所以磨具种类也很多。根据所用的磨料不同,磨具可分为普通磨具和超硬磨具两大类。

(1) 普通磨具

普通磨具是指用普通磨料制成的磨具,如刚玉类磨料、碳化硅类磨料和碳化硼磨料制成的磨具。普通磨具按照磨料的结合形式分为固结磨具、涂附磨具和研磨膏。根据不同的使用方法,固结磨具可制成砂轮、油石、砂瓦、磨头、抛磨块等;涂附磨具可制成砂纸、砂布、砂带等。研磨膏可分为硬膏和软膏。

(2) 超硬磨具

超硬磨具是指硬度很高、耐磨性能好、有一定热稳定性的磨具,如立方氮化硼和人造金刚石。主要用于加工硬质合金等,人造金刚石可在纳米级稳定切削。

## 3. 磨料的选用

磨料用作磨削加工主要分天然和人造两大类。一般来说,人造磨料比天然磨料(天然金刚石例外)品质纯、硬度高、性能好,因此生产中主要采用人造磨料来制造各种磨具。

## 4. 磨具形状选用

磨具正确的几何形状和尺寸是保证磨削加工正常进行的必要条件。由于被加工零件的形状、加工方法和磨床类型的不同,磨具也制成许多不同的形状和尺寸。常见的砂轮形状、代号、用途如表4-1所示。

表4-1 常见的砂轮形状、代号及用途

| 砂轮名称 | 代号 | 断面形状 | 主要用途 |
| --- | --- | --- | --- |
| 平行砂轮 | 1 |  | 外圆磨、内圆磨、无心磨、工具磨 |
| 薄片砂轮 | 41 |  | 切断及切槽 |
| 筒形砂轮 | 2 |  | 端磨平面 |
| 碗形砂轮 | 11 |  | 刃磨刀具、磨导轨 |
| 碟形1号砂轮 | 12a |  | 磨铣刀、铰刀、拉刀、磨齿轮 |

表4-1(续)

| 砂轮名称 | 代号 | 断面形状 | 主要用途 |
| --- | --- | --- | --- |
| 双斜边砂轮 | 4 |  | 磨齿轮及螺纹 |
| 杯形砂轮 | 6 |  | 磨平面、内圆、刃磨刀具 |

## 二、磨削加工的加工范围和特点

### 1. 磨削加工的加工范围

磨削加工的工艺范围很广泛,如图4-2所示,可以磨削外圆、内圆、平面、成形面及齿轮等。由于砂轮磨粒硬度高,热稳定性好,不但可以加工未淬火钢、铸铁和有色金属等材料,还可以加工淬火钢、各种切削刀具及硬质合金等硬度很高的材料。

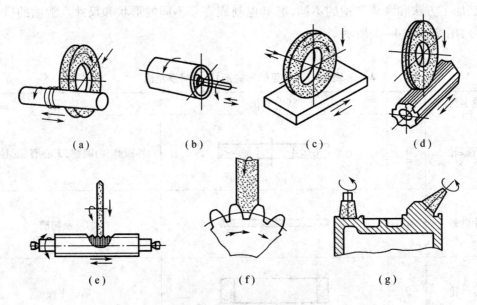

图4-2 磨削的主要内容

(a)磨外圆;(b)磨孔;(c)磨平面;(d)磨花键;(e)磨螺纹;(f)磨齿纹;(g)磨导轨

### 2. 磨削加工的特点

(1)磨削效率高

砂轮相对工件做高速旋转,一般砂轮线速度可达35 m/s,约为普通刀具的20倍,可获得较高的金属切除率。随着磨削新工艺的开发,磨削加工的效率进一步提高,某些工序已取代车、铣、刨削,直接从毛坯上加工成形。同时,磨粒和工件产生强烈的摩擦、急剧的塑性变形,因而产生大量的磨削热。

(2)能获得很高的加工精度和很细的表面粗糙度

每颗磨粒切去切屑层很薄,一般只有几微米,因此表面可获得较高的精度和较低的表面粗糙度。一般精度可达 IT6~IT7,表面粗糙度 $R_a$ 可达 0.08~0.05 μm,高精密磨削可达到更高,故磨削常用在精加工工序。

(3)切削功率大和消耗能量多

砂轮是由许许多多的磨粒组成的,磨粒在砂轮中的分布是杂乱无章、参差不齐的,切削时多呈负前角($-85°$~$-15°$),并且尖端有一定的圆弧半径,因此切削功率大、消耗能量多。

3. 磨削液的供给方法

(1)浇注法

这是最普通的使用方法。一般由齿轮泵或低压泵将磨削液通过喷嘴供液,如图 4-3 所示。一般在普通磨削时只使用一个冷却泵即可,功率可根据机床规格选择。

(2)内冷却法

内冷却法是采用特制的多孔砂轮,如图 4-4 所示。磨削液从中心通入,靠离心力的作用,通过砂轮内部的空隙从砂轮四周的边缘甩出,因此切削液可直接进入磨削区,冷却效果很好。但此法要求磨削液需经过仔细的过滤,以免堵塞砂轮内孔。同时,还要解决磨削液的飞溅和油雾处理等问题。故只适用于大气孔砂轮,而对树脂等砂轮不适用。

## 三、万能外圆磨床

用磨料磨具(砂轮、砂带、油石和研磨料)作为工具对工件进行磨削加工的机床统称磨床。磨床的种类很多,常用的有外圆磨床、内圆磨床和平面磨床。

如图 4-3 所示,是万能外圆磨床的外形图,其功用主要用于磨削圆柱形或圆锥形的外圆和内孔,也能磨削阶梯轴的轴肩和端面,属于普通精度级,加工精度可达 IT6~IT7 级,表面粗糙度 $R_a$ 可达 0.2~0.8 μm。它的万能性较大,操作方便但磨削效率不高,自动化程度也较低,应用于工具、机修车间和单件小批生产。它由以下部分组成。

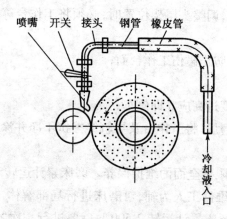 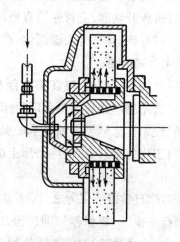

图 4-3　浇注法冷却　　　　　　　　图 4-4　内冷却法

1. 床身

床身用来安装各部件，上部装有工作台和砂轮架，内部装置有液压传动系统。床身上的纵向导轨供工作台移动用，横向导轨供砂轮架移动用。

2. 砂轮架

砂轮架供安装砂轮，并有单独电动机，通过皮带传动带动砂轮高速旋转。砂轮架可在床身后部的导轨上做横向移动。移动方式可做自动间歇进给，也可手动进给，或快速进退运动。砂轮架绕垂直轴可旋转某一角度。

3. 头架

头架上有主轴，主轴端部可以安装顶尖、拨盘或卡盘，以便装夹工件。主轴由单独电动机通过皮带传动，变速机构制动，使工件可获得不同的转动速度。头架可在水平面内偏转一定的角度。

4. 尾架

尾架的套筒内有顶尖，用来支承工件的另一端。尾架在工作台上的位置，可根据工件的不同长度调整。尾架可在工作台上纵向移动。扳动尾架上的杠杆，顶尖套筒可伸出缩进，以便装卸工件。

5. 工作台

工作台由液压传动沿着床身上的纵向导轨做直线往复运动，使工件实现纵向进给。在工作台前侧面的T形槽内，装有两个换向挡块，用以操纵工作台自动换向。工作台也可手动。工作台分上下两层，上层可在水平面内偏转一个不大的角度（±8°），以便磨削圆锥面。

6. 内圆磨头

内圆磨头是磨削内圆表面用的，在它的主轴上，可装上内圆磨削砂轮，由另一个电动机带动。内圆磨头绕支架旋转，使用时翻下，不用时翻向砂轮架上方。

## 四、磨床维护保养与安全生产

1. 磨床维护和保养

（1）了解磨床的性能、规格、各操纵手柄的功用、操作要求，正确地使用磨床；

（2）机床开动前，应首先检查机床各部位有无故障，并润滑机床；

（3）对导轨、丝杠等关键部位，严防垃圾入内，调整头尾架位置时，必须将工作台等擦拭干净并涂上润滑油；

（4）装卸大工件时，要在工作台上垫放木板，防止碰伤工作台面；

（5）选用磨削用量时要考虑机床的刚度；

（6）经常注意砂轮主轴轴承的温度，发现温度过高应立即停车；

（7）工作完毕后，应清除磨床上的切削液和磨屑，将工作台及导轨等擦拭干净并涂上润滑油。

磨床除日常维护保养之外，还需要按一定期限做全面的维护保养。磨床累计运转500 h后要进行一次"一级保养"，即以操作工人为主，维修工人为辅，对磨床进行局部解体，清洗规定部位，疏通油路，调整各部位配合间隙等。磨床累计运转2 500 h后要进行一次"二级保养"，以维修工人为主，操作工人为辅，对磨床进行部分解体、检查、修理，使局部恢复精度。

2. 切削液

(1) 切削液的作用

切削液主要用来降低磨削热和减少磨削过程中工件与砂轮之间的摩擦。切削液主要有以下作用：

①冷却作用；

②润滑作用；

③清洗作用；

④防锈作用。

(2) 切削液的种类

切削液分为水溶液和油类两大类。常用的水溶性液有乳化液和合成液两种。常用的油类为全损耗系统用油和煤油。水溶液以水为主要成分，水的冷却作用很好，但易使机床和工件锈蚀。油类的润滑和防锈作用好，常用于螺纹及齿轮磨床的加工中，油类的冷却性较差，会产生油雾。

(3) 切削液的正确使用

①切削液应该直接浇注在砂轮与工件接触的部位；

②切削液流量应充足，并应均匀地喷射到整个砂轮磨削宽度上，并能达到冷却效果；

③切削液应有一定的压力注入磨削区域，以达到良好的清洗作用，防止磨屑在磨削区域堵塞砂轮表面；

④合理配置挡水板，防止切削液飞溅出磨床；

⑤水箱中切削液要保持一定的液面高度；

⑥切削液应经常保持清洁，尽量减少切削液中磨屑和磨粒碎粒的含量，变质的切削液要及时更换，超精密磨削时可以采用专门的过滤装置；

⑦切削液的液流要保持通畅，防止液流在通道中被磨削堵塞。堵塞的磨削要及时清除；

⑧不要把其他杂物带入水箱中；

⑨在夏天特别要注意防止乳化液锈蚀工件和磨床工作台表面，乳化液的质量分数可取高些；

⑩防止切削液溅入眼中，特别要防止切削液中的亚硝酸钠入口中或吸入肺中，保护身体健康；

⑪树立环保意识。

3. 职业素养

每一个操作工人都必须从思想上高度重视安全生产，并应具备一定的安全生产知识，严格遵守安全操作规程。操作时应注意以下几点。

(1) 工作时，应按规定的要求穿着工作服，女工要戴安全帽。

(2) 必须正确安装和紧固砂轮。新砂轮要用木棒轻轻敲击砂轮的侧面，听砂轮发出的响声是否清脆,若响声暗哑,则该砂轮可能有裂纹,必须经安全回转试验合格后方可使用;否则,该砂轮应报废。换新砂轮时,必须做砂轮平衡,砂轮平衡经初次修整后还应再做一次平衡。

(3)各种磨床的砂轮必须安装防护罩,不允许在不安装防护罩的情况下进行磨削。磨削前,砂轮应空转 2 min,启动砂轮时,人不应站在砂轮的正面。

(4)磨削前,应仔细检查工件装夹是否正确。平面磨床要检查磁性工作台的吸力是否可靠,在磨削窄而高的工件时,工件的前后应放挡铁。

(5)开车前必需调整好换向挡铁的位置并将其紧固。工作台自动送给时,要避免出现砂轮与工件轴肩、夹头或卡盘等相碰撞。

(6)禁止用一般砂轮的端面磨削较宽的平面;禁止在无心磨床上磨削弯曲的零件。

(7)工件加工完后,必须将砂轮退到安全位置后才能上、下工件。工作结束后,应让砂轮空运转 2 min 后再关闭砂轮电源。

(8)磨床上的所有外露旋转部分都应有罩壳加以保护。

(9)操作时必须精力集中,不允许离开机床等违章操作。

(10)注意安全用电,出现电器故障时,应请电工进行检查修理,机床操作工人不要打开电器箱和电器设备。

(11)工作场地应保持整洁,要文明生产。

**项目考核评价表**

| 记录表编号 | | 操作时间 | 25 min | 姓名 | | 总分 | | |
|---|---|---|---|---|---|---|---|---|
| 考核项目 | 考核内容 | 要求 | 分值 | 评分标准 | | | 互评 | 自评 |
| 主要项目<br>(80分) | 安全文明操作 | 安全控制 | 15 | 违反安全文明操作规程扣15分 | | | | |
| | 操作规程 | 理论实践 | 15 | 操作是否规范,适当扣 5~10 分 | | | | |
| | 拆卸顺序 | 正确 | 15 | 关键部位一处扣 5 分 | | | | |
| | 操作能力 | 强 | 15 | 动手行为主动性,适当扣 5~10 分 | | | | |
| | 工作原理理解 | 表达 | 10 | 基本点是否表述清楚,适当扣 5~10 分 | | | | |
| | 清洗方法 | 正确 | 5 | 清洗是否干净,适当扣 0~5 分 | | | | |
| | 安装质量 | 高 | 5 | 多1件、少1件扣5分 | | | | |

**项目报告单**

| 项目 | | | | |
|---|---|---|---|---|
| 班级 | | 第_____组 | 组员 | |
| 使用工具 | | | | 说明 |
| 项目内容 | | | | |
| 项目步骤 | | | | |
| 项目结论（心得） | | | | |
| 小组互评 | | | | |

# 任务2　磨床的基本操作

【实习任务单】

| 学习任务 | 磨床外圆类零件加工基本操作 |
|---|---|
| 学习目标 | 1. 知识目标<br>　　(1)掌握磨床设备的使用规范与操作规程；<br>　　(2)掌握在磨床上进行加工。<br>2. 能力目标<br>　　(1)能够根据加工需要正确选择刀具、量具、加工方案等；<br>　　(2)能够对产品进行自检、互检。<br>3. 素质目标<br>　　(1)培养学生对机床操作过程中具有安全操作、文明生产意识；<br>　　(2)培养学生在整个机床操作过程中的团队协作意识和吃苦耐劳的精神。<br>　　(3)培养学生正确选择并熟练使用量具。 |

一、任务描述

通过老师现场对实际案例(图纸)的加工操作演示使学生掌握铣床的基本操作过程,能够根据加工需要正确选择、安装、使用刀具、正确选择机床切削用量。并按图纸要求加工出合格的产品。

二、任务实施

1. 学生分组,每小组3~5人;
2. 车间现场设备讲解并监督学生加工出合格产品;
3. 检查:以学生自检、互检、老师监督的形式对学生的产品进行评判;
4. 总结:给出训练成绩。

三、相关资源

1. 教材 2. 教学课件 3. 实训车间机床

四、教学要求

1. 认真进行课前预习,充分利用教学资源;
2. 团队之间相互学习,相互借鉴,提高学习效率。

## 【任务实施】

1. 操作步骤

用纵磨法磨外圆,首先把工件两端顶尖孔修一下,孔的两端涂上黄油,调整好机床后,可以按以下方法进行加工。

(1)开动机床,使砂轮和工件转动起来,将砂轮慢慢靠近工件,一直到工件稍微接触,再开动切削液。

(2)调整切削深度,使工作台纵向进给,进行试磨,磨完工件的全长,再停下机床用千分尺检查一下工件有没有锥度,若有锥度再转动工作台进行调整。

(3)进行粗磨。粗磨时工件往复一次切削深度 0.01~0.025 mm,在磨削过程中会产生工件热量,所以要使用大量的冷却液,以免工件烧伤使工件表面硬度降低,影响工件使用寿命,甚至工件报废。

(4)进行精磨。精磨时必须先修整砂轮,每一次切削深度为 0.005~0.015 mm,精磨至最后尺寸时,停止砂轮的横向进给,继续使工作台纵向进给,进给几次直到不发生火花为止。

2. 注意事项

(1)工作前要认真检查砂轮是否有裂纹,砂轮和砂轮罩是否牢固;

(2)检查各部手柄是否在原位上;

(3)工作前要把工作台挡块紧固好;

(4)装夹零件时要紧固,细长轴要架中心架;

(5)机床开动后,人要站在砂轮侧面;

(6)正确掌握进刀量,不能吃大刀,以免挤坏砂轮,发生事故;

(7)工作时不能打闹,以免碰上机床手柄造成事故;

(8)工作台停止后不要立即取下工件,等砂轮完全停止再取工件,以免伤手或工件。

## 【相关知识】

### 一、磨削

磨削训练的目的是让同学基本掌握磨削加工的基本知识:磨削的特点,磨削的主要运动,砂轮的选用,常用磨床的附件尺寸,磨床工件范围等,了解磨床的结构特点,熟悉万能外圆磨床的主要组成及功用,了解内圆磨削的工作特点,了解外圆磨削的方法及工作特点,介绍精密加工方法及现代磨削技术的发展。

磨削与车削铣削刨削是不一样的,车削、铣削、刨削加工不了的材料磨削都能加工。磨削加工的精度和表面粗糙度很高,精度可达 IT6~IT5,表面粗糙度 $R_a$ 值为 $0.2~0.8~\mu m$,一般车削、铣削、刨削是无法达到的。磨削不受任何材料限制,如一般的金属材料、碳钢、铸铁及一些有色金属,还可以磨削塑料、陶瓷、玻璃等,各种刀具以及硬制合金。这些材料用金属刀具很难加工,有的根本就加工不了。磨削加工的用途很广,它可以用不同的磨床磨削外圆、内孔、平面、沟槽成型面等。

磨削的主要运动分为四个运动:
(1)砂轮高速旋转运动是主运动;
(2)砂轮可做横向进给运动;
(3)工件的旋转为圆周进给运动;
(4)工件和工作台作纵向进给运动。

### 二、砂轮的选用

1. 砂轮的结构

磨具(abrasive grinding tools)分砂轮、油石、磨头、砂瓦、砂布、砂纸、砂带、研磨膏等六类。砂轮是特殊的刀具,又称磨具,其制造过程也较复杂。他是由一种用结合剂把磨粒黏结起来,经压坯、干燥、焙烧及修整而成的,具有很多气孔、用磨粒进行切削的固结磨具。磨粒以其露在表面部分的尖角作为切削刃。砂轮的特性主要由磨料、粒度、黏合剂、硬度、组织及形状尺寸等因素所决定。

(1)磨料

磨料是制造磨具的主要原料,直接担负着切削工作。目前常用的磨料有棕刚玉(A)、白刚玉(WA)、黑碳化硅(C)和绿碳化硅(GC)等。

①棕刚玉:用于加工硬度较低的塑性材料,如中、低碳钢和低合金钢等;
②白刚玉:用于加工硬度较高的塑性材料,如高碳钢、高速钢和淬硬钢等;
③黑碳化硅:用于加工硬度较低的脆性材料,如铸铁、铸铜等;
④绿碳化硅:用于加工高硬度的脆性材料,如硬质合金、宝石、陶瓷和玻璃等。

(2)粒度

粒度是指磨料颗粒的尺寸,其大小用粒度号表示。

国标规定了磨料和微粉两种粒度号。

一般说,粗磨选用较粗的磨料(粒度号较小),精磨选用较细的磨料(粒度号较大);微粉多用于研磨等精密加工和超精密加工。

(3) 黏合剂

黏合剂的作用是将磨料黏合成具有一定强度和形状的砂轮。砂轮的强度、抗冲击性、耐热性及抗腐蚀能力,主要取决于结合剂的性能。

常用的黏合剂有陶瓷黏合剂(V)、树脂黏合剂(B)、橡胶黏合剂(R)和金属黏合剂(M)等。

①陶瓷黏合剂:应用最广,适用于外圆、内圆、平面、无心磨削和成形磨削的砂轮等;

②树脂黏合剂:适用于切断和开槽的薄片砂轮及高速磨削砂轮;

③橡胶黏合剂:适用于无心磨削导轮、抛光砂轮;

④金属黏合剂:适用于金刚石砂轮等。

(4) 硬度

磨具的硬度是指磨具在外力作用下磨粒脱落的难易程度(又称结合度)。

磨具的硬度反映黏合剂固结磨粒的牢固程度,磨粒难脱落叫硬度高,反之叫硬度低。

国标中对磨具硬度规定了 16 个级别:D,E,F(超软);G,H,J(软);K,L(中软);M,N(中);P,Q,R(中硬);S,T(硬);Y(超硬)。

普通磨削常用 G~N 级硬度的砂轮。

(5) 组织

磨具的组织指磨具中磨粒、黏合剂、气孔三者体积的比例关系,以磨粒率(磨粒占磨具体积的百分率)表示磨具的组织号。磨料所占的体积比例越大,砂轮的组织越紧密;反之,组织越疏松。

国标中规定了 15 个组织号:0,1,2,…,13,14。0 号组织最紧密,磨粒率最高;14 号组织最疏松,磨粒率最低。

普通磨削常用 4~7 号组织的砂轮。

(6) 形状与尺寸

根据机床类型和加工需要,将磨具制成各种标准的形状和尺寸。

(7) 最高工作速度

砂轮高速旋转时,砂轮上任意一部分都受到很大的离心作用,如果砂轮没有足够的回转强度,砂轮就会爆裂而引起严重事故。砂轮上的离心力与砂轮的线速度的平方成正比,所以当砂轮的线速度增大到一定数值时,离心力就会超过砂轮回转速度所允许的范围,砂轮就要爆裂。砂轮的最大工作线速度,必须标注在砂轮上,以防止使用时发生事故。

2. 砂轮的代号

根据普通磨具标准 GB/T2485—1994 规定,砂轮(普通磨具)各特性参数以代号形式表示,依次序是:砂轮形状、尺寸、磨料、粒度、硬度、组织、黏合剂、最高工作速度。

### 3. 砂轮的选择

（1）磨料的选择

按工件材料及其热处理的方法选择，使磨料本身的硬度与工件材料的硬度相对应。一般的选择原则是：工件材料为一般钢材，可选用棕刚玉；工件材料为淬火钢、高速工具钢，可选用白刚玉或烙刚玉；工件材料为硬质合金，则可选用人造金刚石或绿色碳化硅；工件材料为铸铁、黄铜则选用黑色碳化硅。

（2）粒度的选择

按工件表面粗糙度和加工精度选择。细粒度的砂轮可磨出细的表面；粗粒度则相反，但由于其颗粒粗大，砂轮的磨削效率高，一般常用的粒度是 F46～F80。粗磨时选用粗粒度砂轮，精磨时选用精粒度砂轮。

（3）砂轮硬度的选择

砂轮硬度是衡量砂轮"自锐性"的指标。磨削过程中，磨粒逐渐由锐利而变钝。磨硬材料时，砂轮容易钝化，应选用软砂轮，以使砂轮锐利；磨软材料时，砂轮不易钝化，应选用硬砂轮，以避免磨粒过早脱落损耗；磨削特别软而韧的材料时，砂轮易堵塞，可使用较软的砂轮。

### 4. 砂轮的安装

砂轮安装前首先要鉴别其外观，常用的陶瓷砂轮是脆性体，受损伤的砂轮不能使用。砂轮的裂纹可用响声法检测。

砂轮一般用法兰盘安装。法兰盘主要由法兰底盘1、法兰盘2、衬垫3、内六角螺钉4等组成。

砂轮的孔径与法兰盘轴颈部分应有 0.1～0.2 mm 的安装间隙。如砂轮孔径与法兰盘轴颈配合过紧，可用刮刀均匀修刮砂轮内孔；如配合间隙太大则砂轮盘的中心与法兰盘的中心会产生安装偏心，增大砂轮的不平衡量。为此，可在法兰轴颈的的周围垫上一层纸片，以减小安装偏心；如果砂轮孔径与法兰轴径相差太多，就应重新配置法兰盘。

法兰盘的支撑平面应平整且外径尺寸相等，安装时在法兰盘端面和砂轮之间，应垫上 1～2 mm 厚的塑性材料制成的衬垫，衬垫的直径比法兰盘外径稍微大一些。

安装以后，砂轮应做两次平衡，在精平衡前砂轮需做整形修整。从磨床主轴上拆卸法轮盘时使用套筒扳手和拨头。

### 5. 砂轮的平衡

砂轮的平衡程度是磨削主要性能指标之一，砂轮的不平衡是指砂轮的重心与旋转重心不合，即由不平衡质量偏离旋转中心所致。例如不平衡量为 1 500g·cm 的砂轮在转速达到 1 670g·cm 时，其离心力可达 460 N。巨大的离心力将迫使砂轮振动，使工件表面产生多角形的波纹，同时附加压力会加速主轴磨损。当离心力大于砂轮强度时则会引起砂轮爆裂。

砂轮不平衡的原因是砂轮本身不平衡和砂轮安装所造成的不平衡所致。

静平衡的步骤如下：

（1）调整平衡架导柱面水平位置；

(2)安装平衡心轴；

(3)找出不平衡位置；

(4)装平衡块；

(5)求各点的平衡位置。

6. 砂轮的修整

砂轮磨钝的形式有以下三种：

(1)磨粒的钝化；

(2)磨粒急剧且不均匀的脱落；

(3)砂轮的粘嵌和堵塞。

砂轮在工作一段时间以后，砂轮的工作表面会发生钝化。若继续磨削，将加剧砂轮与工件表面之间的摩擦，工件会产生烧伤或振动波纹，是磨削效率降低，也影响加工的表面粗糙度，因此应选择适当的时间及时修整砂轮。

砂轮磨钝的过程：磨削过程中，可将砂轮表面微刃的钝化过程划分为初期、正常、急剧三个阶段。在初级阶段，微刃表面残留的毛刺不断脱落划伤工件表面；正常阶段，微刃表面的毛刺已消失，微刃为正常的切削状态且逐步钝化，这是最佳的磨削阶段，工件的精磨应在此阶段内完成；当微刃锐角已完全消失，磨削时发出噪声，即为急剧钝化阶段。

除磨粒磨钝外，通常磨削时还伴有砂轮的堵塞，特别是在磨削铸铁材料时，磨屑堵满砂轮的网状空隙中，使砂轮磨钝。

7. 修整砂轮的方法

(1)金刚钻笔车削法

金刚钻笔是将大颗粒的金刚钻镶焊在特制刀杆上制成的，金刚钻的尖端研成 $V_s = \frac{\pi D_s n}{1000 \times 60} \varphi = 70° \sim 80°$ 的尖角。修整时将金刚钻笔安装在修整座上，车削砂轮表面。

(2)其他工具介绍

金刚石笔是由颗粒较小的碎粒金刚石或金刚粉用结合力强的合金结合而成的。金刚石笔分层状、链状、粉状三种。滚轮式割刀是由多片渗碳淬火钢的金属圆片装在刀柄上制成，常用于整形粗修整。金刚石滚轮磨削法修整装置主要由传动装置和金刚石滚轮组成。金刚石滚轮一般用电镀法制造而成。

### 三、外圆磨削

外圆磨削是指对工件圆柱、圆锥和多台阶轴外表面及旋转体外曲面进行的磨削加工。

1. 工件的安装

在磨床上磨削工件时，工件的装夹包括定位和夹紧两个部分，工件定位要正确，夹紧要可靠有效，否则会影响加工精度以及操作安全。生产中工件一般用两顶尖装夹，但有时依据工件的形状和磨削要求也用卡盘。

(1) 顶尖装夹

顶尖装夹是外圆磨床最常用的方法,其安装方法跟车床上所用方法基本相同,特点是装夹迅速方便,定位精度高。工作时,把工件装夹在前、后顶尖间,由头架上的拨盘、拨销、尖头带动工件旋转,其旋转方向与砂轮旋转方向相同。磨床上的后顶尖不随工件旋转,俗称"死顶尖",这样可以提高工件的加工精度,如图4-5所示。

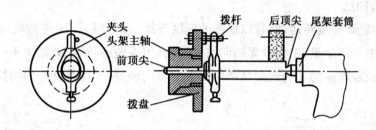

图4-5 顶尖安装工件

(2) 卡盘安装

两端无中心孔的轴类零件和盘形工件外圆可选用三爪卡盘装夹,外形不规则的工件可用四爪卡盘装夹,其装夹方法如图4-6所示。

三爪卡盘应检查卡盘与头架主轴的同轴度,有误差必须找正。四爪卡盘必须用画针盘或百分表找正工件右端和左端两点,夹爪的加紧力应均匀,并要两夹爪对称调整。夹紧后要将4个卡爪拧紧一遍,再用百分表校正工件后方可开车磨削。

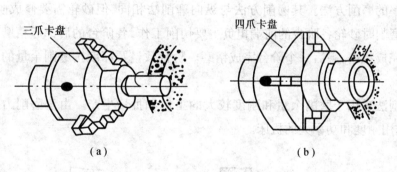

图4-6 卡盘装夹磨削外圆

(a) 三爪卡盘夹紧;(b) 四爪卡盘夹紧

(3) 用心轴安装

盘套类空心工件常以内孔定位磨削外圆,此时常用心轴安装工件。

2. 磨削方法

根据工件的形状大小、精度要求、磨削余量的多少和工件的刚性等来选择磨削方法,常用外圆磨削的基本方法有纵向磨削法、横向磨削法、阶段和深度磨削法等三种。

(1) 纵向磨削法

磨削时,砂轮做高速旋转运动和径向进给运动,工件做低速转动进给并和工作台一起做直线往复运动,当每一次轴向行程或往复行程终了时,砂轮按要求的磨削深度做一次径向进给运动。纵向磨削每次的进给量很小,但可获得较高的加工精度和较小的表面粗糙度,如图4-7所示。

(2) 横向磨削法

磨削时,砂轮高速旋转运动,且以很慢的速度连续(或断续)向工件做横向进给运动,切入磨削直至磨去全部余量,工作台无轴向往复运动,工件做旋转运动,如图4-8所示。此方法适用于磨削长度较短的外圆表面及两侧都有台阶的轴颈,工件有良好的刚性。

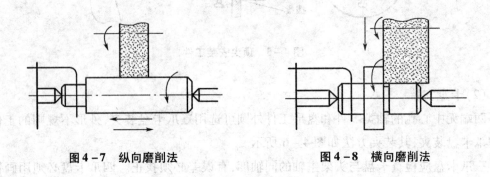

图4-7 纵向磨削法　　　　图4-8 横向磨削法

(3) 深度磨削法

深度磨削法是在一次纵向进给运动中,将工件磨削余量全部切除而达到规定尺寸要求的一种高效率的磨削方法。其磨削方法与纵向磨削法相同,但砂轮需要修成阶梯形,如图4-9所示。磨削时砂轮各阶台的前端担负主要切削工作,各阶台的后部起精磨、修光作用,前面各阶台完成粗磨,最后一个阶台完成精磨。阶台数量及深度按磨削余量的大小和工件的长度确定。

深度磨削法适用于磨削余量和刚度较大的工件和批量生产。由于磨削力和磨削热很大,所以应选用刚度和功率大的机床。

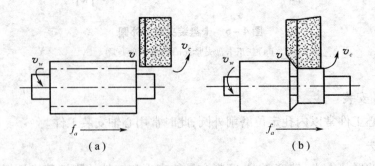

图4-9 深度磨削法
(a) 阶梯砂轮;(b) 锥形砂轮

### 3. 内圆磨削

内圆磨削可在万能外圆磨床上利用内圆磨头来完成。多用于小批量生产,成批生产时,则应在内圆磨床上进行。

内圆磨削的砂轮直径受工件孔径的限制,一般较小,不宜采用较大的磨削深度和进给量,冷却液也不易进入磨削区域,磨削不易排出。

### 四、常用的磨床

常用的磨床有外圆磨床、内圆磨床、平面磨床、无心磨床、工具磨床。

以外圆磨床为例:

(1)有顶尖机心夹三爪卡盘,四爪卡盘,中心架,砂轮修整器,冷却水箱,这是附件部分。

(2)外圆磨床的工作范围,可以加工圆柱固体,圆锥体,台阶。

### 五、M1432万能外圆磨床

#### 1. 组成

床身——用来安装各种部件。上有工作台和头架、底座、砂轮架,内部装有液压系统。

头架——安装顶头、拨盘,带动工件旋转,可以获得不同的旋转速度。

尾座——尾座套筒内装有顶尖,用来支撑工件的另一端。

砂轮架——用来安装砂轮,可做横向切深移动,并能快进和退砂轮。

工作台——分为上下两层,上层可以移动一个角度,下层和机床的导轨连着,可做轴向进给运动工作台有两块挡块,用来调整磨削长度。

内圆磨头——是磨削内圆表面的。

#### 2. 平面磨削与内圆磨削

平面磨床,有电磁吸盘、精密平口钳、退磁面、砂轮修整面和冷却箱。

平面磨削是用磁性吸盘吸住工件进行加工。而内圆磨削是用三爪卡盘夹住找正后进行内表面磨削。还有平面磨削是垂直进刀。内圆磨削是横向进刀,工作台都是做纵向运动。

#### 3. 外圆磨削方法

外圆加工方法有四种,常用有两种:

(1)纵磨法:用于磨削长度与直径之比较大的工件。磨削时砂轮高速运转,工件低速旋转并随工作台做纵向往复运动,在工件改变方向时,砂轮做一次横向进给,进给量很小。

(2)横磨法:横磨法又称为径向磨削法或切入磨削法。当工件刚性较好,待加工表面的砂轮窄时,可选用宽大于待加工表面长度的砂轮进行横磨。横磨时,工件无纵向往复运动(砂轮以很慢的速度连续或断续的向工件做径向进给运动,直到磨去工件的全部余量为止)。

以上讲的外圆磨床两种常用的进给方法。

### 六、精密加工方法及现代磨削技术的发展

随着科学技术的不断发展,产品质量也不断提高,使工件获得粗糙度 $R_a$ 值 0.1 μm 以下的磨削称为光整磨削,其中 $R_a$ 值在 0.16~0.08 μm 的叫精密磨削;获得 $R_a$ 值在 0.02~0.04 μm 的叫超精密磨削;获得 $R_a$ 值 0.01 μm 以下的叫镜面磨削。光整磨削主要靠沙轮的精细修整,使砂轮磨粒微刃具有很好的等高性,因此能使被加工表面留下大量极微细的磨削痕迹,残留高度很小,加上在无火花磨削阶段时,在微刃切削、滑挤、抛光、摩擦等作用下使表面粗糙度达到较低的数值。光整磨削时,砂轮修整是关键,也很重要。如对钢和铸铁件进行磨削时,选白刚玉(WA),粒度为 $60^\#$~$80^\#$ 一般情况下,为了充分发挥粗粒度磨料的微刃切削作用,常用陶瓷黏合剂砂轮但是为了不出现烧伤,使加工表面质量稳定,也可选用具有一定弹性的树脂黏合剂砂轮。为了获得高的加工精度,实行光整磨削的机床应有高的几何精度,高精度的横向进给机构,以保证砂轮修整时的微刃性和微刃等高性,并且还可以低速稳定性好的工作台移动机构,以保证砂轮修整质量和加工质量。光整磨削与一般磨削的主要区别如下:

(1)砂轮粒度更细,一般磨削时为 $46^\#$~$60^\#$,光整磨削时为 $60^\#$ 以上至 W10;

(2)砂轮线速度低达 12~20 m/s;

(3)砂轮修整时工作台速度慢,达 10~25 mm/min;

(4)横向进给量更小,一般为 0.02~0.05 mm。光整加工时为 0.002 5~0.005 mm;

(5)工件线速度低,一般磨削时为 20~30 m/min,光整加工时 4~10 mm/min;

(6)无火花磨削次数多一般为 1~2 次,光整加工时为 10~20 次。

光整磨削适用于各类精密机床主轴,关键轴套,轧辊,塞规轴承套圈等的加工。

## 项目考核评价表

| 记录表编号 | | 操作时间 | 25 min | 姓名 | | 总分 | | |
|---|---|---|---|---|---|---|---|---|
| 考核项目 | 考核内容 | 要求 | 分值 | 评分标准 | | | 互评 | 自评 |
| 主要项目<br>(80分) | 安全文明操作 | 安全控制 | 15 | 违反安全文明操作规程扣15分 | | | | |
| | 操作规程 | 理论实践 | 15 | 操作是否规范,适当扣5~10分 | | | | |
| | 拆卸顺序 | 正确 | 15 | 关键部位一处扣5分 | | | | |
| | 操作能力 | 强 | 15 | 动手行为主动性,适当扣5~10分 | | | | |
| | 工作原理理解 | 表达 | 10 | 基本点是否表述清楚,适当扣5~10分 | | | | |
| | 清洗方法 | 正确 | 5 | 清洗是否干净,适当扣0~5分 | | | | |
| | 安装质量 | 高 | 5 | 多1件、少1件扣5分 | | | | |

## 项目报告单

| 项目 | | |
|---|---|---|
| 班级 | 第_____组  组员 | |
| 使用工具 | | 说明 |
| 项目内容 | | |
| 项目步骤 | | |
| 项目结论<br>(心得) | | |
| 小组互评 | | |

## 任务3　平面磨削

### 【实习任务单】

| 学习任务 | 磨床外圆类零件加工基本操作 |
|---|---|
| 学习目标 | 1. 知识目标<br>　(1)掌握磨床设备的使用规范与操作规程；<br>　(2)掌握在磨床上打中心孔、车阶梯轴外圆、沟槽、螺纹等。<br>2. 能力目标<br>　(1)能够根据加工需要正确选择刀具、量具、加工方案等；<br>　(2)能够对产品进行自检、互检。<br>3. 素质目标<br>　(1)培养学生对机床操作过程中具有安全操作、文明生产意识；<br>　(2)培养学生在整个机床操作过程中的团队协作意识和吃苦耐劳的精神。<br>　(3)培养学生正确选择和刃磨、安装、使用刀具；<br>　(4)培养学生正确选择并熟练使用量具； |

一、任务描述

通过老师现场对实际案例(图纸)的加工操作演示使学生掌握 CA6140 车床车削外圆类零件的基本操作过程，能够根据加工需要正确选择和刃磨、安装、使用刀具、正确选择机床切削用量。并按图纸要求加工出合格的产品。

二、任务实施

1. 学生分组，每小组 3~5 人；
2. 车间现场设备讲解并监督学生加工出合格产品；
3. 检查：以学生自检、互检、老师监督的形式对学生的产品进行评判；
4. 总结：给出训练成绩。

三、相关资源

1. 教材 2. 教学课件 3. 实训车间机床

四、教学要求

1. 认真进行课前预习，充分利用教学资源；
2. 团队之间相互学习，相互借鉴，提高学习效率。

### 【任务实施】

操作步骤：

(1)打开铣床总电源，调转数(600 r/min)，调进给速度(30 mm/min)。

(2)将工作台左右移动方向的螺母锁紧。

(3)对刀：调整工件长度(工件的加工长度为平面铣刀的直径长度)，启动机器，主轴转动。将平面铣刀移到工件的正上方(扳动前后移动手柄,距离较远时,可以使用快速按钮,点动),摇动大手柄(工件向上移动),当铣刀与工件发生切削时,对刀完成。

(4)进给:扳动前后手柄(将工件向外移动,远离刀具),然后转动大手柄进给(进给量不要大于2圈)。记住粗加工时刻度盘上的刻度。

(5)加工:扳动前后手柄(将工件向里移动进行切削)。

(6)退刀:当工件移动到铣刀中间处,退刀(将前后手柄向外扳动,使用快速按钮点动退刀)。

(7)打开顶尖和万能分度头的锁紧手柄,摇动万能分度头的手轮,向里扳动前后手柄,进行加工。

(8)测量:根据所测量工件的尺寸,在粗加工时刻度盘的基础上进给多少。然后记住此时刻度盘上的刻度。

(9)加工:向里扳动前后手柄,工件进行切削,精加工时,要让铣刀完全走过加工工件的表面。

## 【相关知识】

### 一、平面磨削

平面磨削通常是在平面磨床上进行。电磁吸盘为最常用的夹具之一,凡是由钢、铸铁等铁磁性材料制成的平行面零件,都可用电磁吸盘装夹,对于较大的工件和非磁性材料的磨削,则需用压紧装置固定在工作台上。

1. 磁性工作台使用时的注意事项

(1)关掉电磁吸盘的电源后,工件和电磁吸盘上仍会保留一部分磁性,这种现象称为剩磁。因此工件不易取下,这时只要将开关转到退磁位置,多次改变线圈中的电流方向,把剩磁去掉,工件就容易取下。

(2)装夹工件时,工件定位表面盖住绝磁层条数尽可能多,以充分利用磁件吸力,小而薄的工件应放在绝磁层中间,如图4-10(b)所示。

要避免放成如图4-10(a)所示位置,并在其左右放置挡板,以防止工件松动,如图4-10(c)。装夹高度较高而定位面较小的工件,应在工件的四周放上面积较大的挡板。挡板的高度应略低于工件的高度,这样可避免因吸力不够而造成工件翻倒使砂轮碎裂,如图4-11所示。

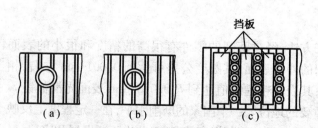

图4-10 小工件的装夹方法
(a)错误放置位置;(b)放置的绝磁层中间;(c)防止工件松动式

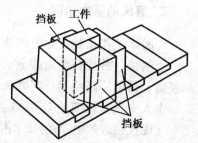

图4-11 狭高工件的装夹方法

(3)电磁吸盘的台面要经常保持平整光洁,如果台面出现拉毛,可用三角油石或细砂纸修光,再用金相砂纸抛光。如果台面使用时间较长,表面上画纹和细麻点较多,或者有某些变形时,可以对电磁吸盘台面做一次修磨。修磨时,电磁吸盘应接通电源,使它处于工作状态。磨削量和进给量要小,冷却要充分,待磨光至无火花出现时即可。

(4)操作结束后,应将电磁吸盘台面擦干净,以免电磁吸盘锈蚀损坏。

2. 平面磨削的方法

(1)横向磨削法。横向磨削法是最常用的一种磨削方法,每当工作台纵向行程终了时,砂轮主轴做一次横向进给,待工件上第一层金属磨去后,砂轮再做垂直进给,直至切除全部余量为止,如图4-12(a)所示。这种磨削方法适用于磨削长而宽的平面工件,其特点是磨削发热小,排屑和冷却条件好,因而容易保证工件的平行度和平面度要求,但生产效率较低。

(2)切入磨削法。如图4-12(b)所示,切入磨削法先粗磨,将余量一次磨去,粗磨时的纵向移动速度很慢,横向进给量很大,约为(3/4 ~ 4/5)T(T为砂轮厚度)。然后再用横向磨削法精磨。切入磨削法垂直进给次数少,生产效率高,但磨削抗力大,仅适于在刚性好、动力大的磨床上磨削平面尺寸较大的工件。

(3)阶台磨削法。如图4-12(c)所示,阶台磨削法是一种磨削效果很好的磨削方法。将砂轮厚度的前一半修成几个阶台,粗磨余量由这些阶台分别磨除,砂轮厚度的后一半用于精磨。这种磨削方法生产效率高,但磨削时应采用较小的横向进给量。由于磨削余量被分配在砂轮的各个阶台圆周面上,磨削负荷及磨损由各段圆周表面分担,故能充分发挥砂轮的磨削性能。由于砂轮修整麻烦,其应用受到一定限制。

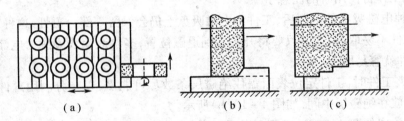

图4-12 平行平面的磨削方法

(a)横向磨削法;(b)切入磨削法;(c)阶台磨削法

## 二、磨床的基本知识

1. 磨床工作在制造业中的地位

磨削是一种比较精密的金属加工方法,经过磨削的零件有很高的精度和很小的表面粗糙度值。目前用高精度外圆磨床磨削的外圆表面,其圆度公差可达到0.001 mm左右,相当于一个人头发丝粗细的1/70或更小;其表面粗糙度值达到$R_a0.025\ \mu m$,表面光滑似镜。

在现代制造业中,磨削技术占有重要的地位。一个国家的磨削水平,在一定程度上反映了该国的机械制造工艺水平。随着机械产品质量的不断提高,磨削工艺也不断发展和完善。

2. 普通磨床简介

以常用的万能外圆磨床为例,磨床主要由床身、工作台、头架、尾座、砂轮架和内圆磨具等部件组成,如图 4-13 所示。磨床还包括液压系统。
(1)床身:磨床的支承;
(2)头架:安装与夹持工件,带动工件旋转,可在水平面内逆时针转 90°;
(3)内圆磨具:支承磨内孔的砂轮主轴;
(4)砂轮架:支承并传动砂轮主轴旋转,可在水平面 ±30°范围内转动;
(5)尾坐:与头架一起支承工件;
(6)滑鞍与横进给机构:通过进给机构带动滑鞍上的砂轮架实现横向进给;
(7)横向进给手轮;

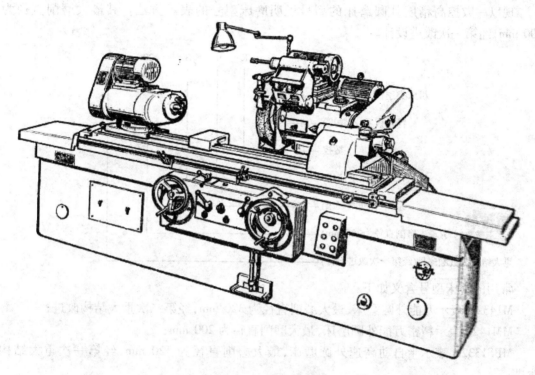

图 4-13 磨床结构

(8)工作台:①上工作台:上面装有头架与尾坐;②下工作台:上工作台可绕下工作台在水平面转 ±10°角度。

### 三、磨床的型号

磨床的种类很多,按 GB/T15375—1994 磨床的类、组、系划分表,将我国的磨床品种分为三个分类。一般磨床为第一类,用字母 M 表示,读作"磨"。超精加工机床、抛光机床、砂带抛光机为第二类,用 2M 表示。轴承套圈、滚球、叶片磨床为第三类,用 3M 表示。齿轮磨床和螺纹磨床分别用 Y 和 S 表示,读作"牙"和"丝"。第一类磨床按加工不同分为以下几组:0—仪表磨床;1—外圆磨床(如 M1432A、MBS1332A、MM1420、M1020、MG10200 等);2—内圆磨床(如 M2110A、MGD2110 等);3—砂轮机;4—研磨机、珩磨机;5—导轨磨床;6—刀具刃磨床(M6025A、M6110 等);7—平面及端面磨床(如 M7120A、MG7132、M7332A、M7475B 等);8—曲轴、凸轮轴、花键轴及轧辊轴磨床(如 M8240A、M8312、M8612A、MG8425

等);9—工具磨床(如 MK9017、MG9019 等)。

型号还指明机床主要规格参数。一般以内、外圆磨床上加工的最大直径尺寸或平面磨床工作台面宽度(或直径)的 1/10 表示;曲轴磨床则表示最大回转直径的 1/10;无心磨床则表示基本参数本身(如 M1080 表示最大磨削直径为 80 mm)。

应当注意,外圆磨床的主要参数代号与无心外圆磨床不同。

磨床的通用特性代号位于型号第二位(如表 1-1),如型号 MB1432A 中的 B 表示半自动万能外圆磨床。

磨床结构性能的重大改进用顺序 A,B,C,…表示,加在型号的末尾。

现以一数控高精度外圆磨床的型号说明磨床型号的表示方法。其最大磨削直径为 200 mm,经第一次改进设计。

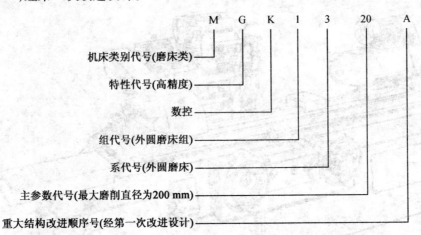

常用的磨床型号含义如下:

M1432B 表示万能外圆磨床,最大磨削直径为 320 mm,经第二次重大结构改进;

MM1420 表示精密万能外圆磨床,最大磨削直径为 200 mm;

MBS1332A 表示半自动高速外圆磨床,最大磨削直径为 320 mm,经第一次重大结构改进;

MG1432A 表示高精度万能外圆磨床,最大磨削直径为 320 mm,经第一次结构改进;

MB1632 表示半自动端面外圆磨床最大回转直径为 320 mm;

M1080 表示无心外圆磨床,最大磨削直径为 80 mm;

M2110 表示内圆磨床,最大磨削孔径为 110 mm;

M7120A 表示卧轴矩台平面磨床,工作台宽度为 200 mm,经第一次重大结构改进;

M7475B 表示立轴圆台平面磨床,工作台直径为 750 mm,经第二次重大结构改进;

M6025A 表示万能工具磨床,最大回转直径为 250 mm,经第一次重大结构改进;

S7332 表示螺纹磨床,最大工件直径为 320 mm。

## 四、磨床的润滑和保养

### 1. 磨床的润滑

良好的保养和润滑有利于延长磨床的使用寿命,保持磨床的精度和可靠性。润滑的目的是减小磨床摩擦面和机构传动副的磨损,并提高机构工作的灵敏度。如磨床主轴的动压轴承,其砂轮架油池每三个月更换一次精密主轴油,常用的润滑油为 N2 主轴油、N5 主轴油两种。主轴的油膜对润滑油有很高的要求,故不能用错油,有些高精度磨床的主轴动压轴承采用汽轮机油与煤油配置而成。磨床工作台纵向导轨、砂轮架横向导轨用润滑油是全损耗系统用油,如 L-AN46,l-AN32,L-AN68。内圆磨具滚动轴承,500 h 更换一次润滑油,如 3 号锂基润滑脂,3 号钙基润滑脂。其他需采用滴油润滑的各润滑点如尾座套筒注油孔、横向进给手轮润滑油杯、工作台纵向手轮润滑杯等都需注入全损耗系统用油。

2. 磨床的保养

磨床的日常保养很重要,要正常操作磨床,防止产生磨床故障或损害机床,降低机床精度。

机床保养九项要点:

(1)合理操作磨床,不损害磨床部件、机械结构;

(2)工作前后须清理机床,检查磨床部件、机械结构、液压系统、冷却系统是否正常,并及时修理排除磨床故障;

(3)在工作台上调整头架、尾座位置时,须擦净其连接面,并涂润滑油后移动头架或尾座。保护工作台、头架、尾座联接间的有关机床精度;

(4)人工润滑的部位应按规定的油类加注,并保证一定的油面高度;

(5)定期冲洗冷却系统,合理更换切削液,处理废切削液应符合环保要求;

(6)高速滚动轴承的温升应低于 60 ℃;

(7)不同精度等级和参数的磨床与加工工件的精度和尺寸参数相对应,以保护机床精度;

(8)磨床敞开的滑动面和机械机构须涂油防锈;

(9)不碰撞或拉毛机床工作面的部件。

磨床运转 500 h 后,需进行一次一级保养,一级保养工作以操作人员为主,维修人员配合进行。

一级保养常用工具有一字槽螺钉旋具、十字槽螺钉旋具、活扳手、呆扳手、内六角扳手、整体扳手、成套套筒扳手、锁紧扳手等。

一级保养的操作步骤:

(1)切断电源,摇动手轮使砂轮架退后至较后位置,推动头架、尾座至工作台两端;

(2)清扫机床铁屑较多的部位,如水槽、切屑液箱、防护罩壳等;

(3)用柴油清洗头架主轴、尾座套筒、液压泵过滤器等;

(4)在机修人员配合指导下,检查砂轮架及床身油池内的油质情况,油路工作情况等,并根据实际情况调换或补充润滑油和液压油;

(5)在维修电工的配合指导下,进行电气检查和保养;

(6)进行机床油漆表面的保养,按从上到下,从后到前,从左到右的顺序进行,如有油痕可以用去污粉或碱水清洗;

(7)进行附件的清洁保养;

(8)补齐所缺少的零部件;

(9)调整机床,如调整砂轮架主轴,头架主轴的间隙等;

(10)装好防护罩壳、盖板。

## 项目考核评价表

| 记录表编号 | | 操作时间 | 25 min | 姓名 | | 总分 | | |
|---|---|---|---|---|---|---|---|---|
| 考核项目 | 考核内容 | 要求 | 分值 | 评分标准 | | | 互评 | 自评 |
| 主要项目<br>（80分） | 安全文明操作 | 安全控制 | 15 | 违反安全文明操作规程扣15分 | | | | |
| | 操作规程 | 理论实践 | 15 | 操作是否规范，适当扣5～10分 | | | | |
| | 拆卸顺序 | 正确 | 15 | 关键部位一处扣5分 | | | | |
| | 操作能力 | 强 | 15 | 动手行为主动性，适当扣5～10分 | | | | |
| | 工作原理理解 | 表达 | 10 | 基本点是否表述清楚，适当扣5～10分 | | | | |
| | 清洗方法 | 正确 | 5 | 清洗是否干净，适当扣0～5分 | | | | |
| | 安装质量 | 高 | 5 | 多1件、少1件扣5分 | | | | |

## 项目报告单

| 项目 | |
|---|---|
| 班级 | 第____组　　组员 |
| 使用工具 | 说明 |
| 项目内容 | |
| 项目步骤 | |
| 项目结论<br>（心得） | |
| 小组互评 | |

# 项目 5　机械制造车工理论训练

## 习　题　1

**一、选择题**（第 1~80 题。选择正确的答案，将相应的字母填入题内的括号中。每题 1.0 分，满分 80 分）

1. 用 1:2 的比例画 30°斜角的楔块时，应将该角画成（　　）。
   A. 15°　　　　　　　　　　　　B. 30°
   C. 60°　　　　　　　　　　　　D. 45°
2. 退刀槽和越程槽的尺寸标注可标注成（　　）。
   A. 槽深×直径　　　　　　　　　B. 槽宽×槽深
   C. 槽深×槽宽　　　　　　　　　D. 直径×槽深
3. 绘制零件工作图一般分四步，第一步是（　　）。
   A. 选择比例和图幅　　　　　　　B. 看标题栏
   C. 布置图面　　　　　　　　　　D. 绘制草图
4. 零件的加工精度包括（　　）。
   A. 尺寸精度、几何形状精度和相互位置精度
   B. 尺寸精度
   C. 尺寸精度、形位精度和表面粗糙度
   D. 几何形状精度和相互位置精度
5. 本身尺寸增大能使封闭环尺寸增大的组成环为（　　）。
   A. 增环　　　　　　　　　　　　B. 减环
   C. 封闭环　　　　　　　　　　　D. 组成环
6. 定位基准应从与（　　）有相对位置精度要求的表面中选择。
   A. 加工表面　　　　　　　　　　B. 被加工表面
   C. 已加工表面　　　　　　　　　D. 切削表面
7. 为以后的工序提供定位基准的阶段是（　　）。
   A. 粗加工阶段　　　　　　　　　B. 半精加工阶段
   C. 精加工阶段　　　　　　　　　D. 三阶段均可
8. 调质一般安排在（　　）进行。
   A. 毛坯制造之后　　　　　　　　B. 粗加工之前
   C. 粗加工之后、半精加工之前　　D. 精加工之前

9. 已知米制梯形螺纹的公称直径为 36 mm,螺距 $P=6$ mm,牙顶间隙 $AC=0.5$ mm,则牙槽底宽为(　　)mm。
   A. 2.196　　　　　　　　　　　　　B. 1.928
   C. 0.268　　　　　　　　　　　　　D. 3

10. 精车梯形螺纹时,为了便于左右车削,精车刀的刀头宽度应(　　)牙槽底宽。
    A. 小于　　　　　　　　　　　　　B. 等于
    C. 大于　　　　　　　　　　　　　D. 超过

11. 高速车螺纹时,一般选用(　　)法车削。
    A. 直进　　　　　　　　　　　　　B. 左右切削
    C. 斜进　　　　　　　　　　　　　D. 车直槽

12. 高速车螺纹时,硬质合金螺纹车刀的刀尖角应(　　)螺纹的牙型角。
    A. 大于　　　　　　　　　　　　　B. 等于
    C. 小于　　　　　　　　　　　　　D. 大于、小于或等于

13. 轴向直廓蜗杆在垂直于轴线的截面内齿形是(　　)。
    A. 延长渐开线　　　　　　　　　　B. 渐开线
    C. 螺旋线　　　　　　　　　　　　D. 阿基米德螺旋线

14. 沿两条或两条以上在(　　)等距分布的螺旋线所形成的螺纹称为多线螺纹。
    A. 轴向　　　　　　　　　　　　　B. 法向
    C. 径向　　　　　　　　　　　　　D. 圆周

15. 计算 Tr40×12(P6)螺纹牙形各部分尺寸时,应以(　　)代入计算。
    A. 螺距　　　　　　　　　　　　　B. 导程
    C. 线数　　　　　　　　　　　　　D. 中径

16. 车削多线螺纹用分度盘分线时,仅与螺纹(　　)有关,与其他参数无关。
    A. 中径　　　　　　　　　　　　　B. 模数
    C. 线数　　　　　　　　　　　　　D. 小径

17. 精车多线螺纹时,要多次循环分线,其主要目的是(　　)。
    A. 减小表面粗糙度　　　　　　　　B. 提高尺寸精度
    C. 消除赶刀产生的误差　　　　　　D. 提高分线精度

18. 测量多线蜗杆时,一般用齿轮卡尺测蜗杆的(　　),用单针测量法测量分度圆上的(　　)。
    A. 槽宽、齿厚　　　　　　　　　　B. 齿厚、槽宽
    C. 中径、槽宽　　　　　　　　　　D. 中径、齿厚

19. 硬质合金的耐热温度为(　　)℃。
    A. 300~400　　　　　　　　　　　B. 500~600
    C. 800~1000　　　　　　　　　　　D. 1100~1300

20. 在主截面内主后刀面与切削平面之间的夹角是(　　)。
    A. 前角　　　　　　　　　　　　　B. 后角

C. 主偏角　　　　　　　　　　　　D. 副偏角
21. 车刀安装高低对(　　)角有影响。
A. 主偏　　　　　　　　　　　　B. 副偏
C. 前　　　　　　　　　　　　　D. 刀尖
22. 成形车刀的前角取(　　)。
A. 较大　　　　　　　　　　　　B. 较小
C. 0°　　　　　　　　　　　　　D. 20°
23. 切断刀的副后角应选(　　)。
A. 6°~8°　　　　　　　　　　　B. 1°~2°
C. 12°　　　　　　　　　　　　D. 5°
24. 主偏角大(　　)。
A. 散热好　　　　　　　　　　　B. 进给抗力小
C. 易断屑　　　　　　　　　　　D. 表面粗糙度小
25. 控制切屑排屑方向的角度是(　　)。
A. 主偏角　　　　　　　　　　　B. 前角
C. 刃倾角　　　　　　　　　　　D. 后角
26. 切削层的尺寸规定在刀具(　　)中测量。
A. 切削平面　　　　　　　　　　B. 基面
C. 主截面　　　　　　　　　　　D. 副截面
27. 高速切削塑性金属材料时,若没有采取适当的断屑措施,则形成(　　)切屑。
A. 挤裂　　　　　　　　　　　　B. 崩碎
C. 带状　　　　　　　　　　　　D. 螺旋
28. 刀尖圆弧半径增大,使切深抗力 $F_y$(　　)。
A. 无变化　　　　　　　　　　　B. 有所增加
C. 增加较多　　　　　　　　　　D. 增加很多
29. 一台 C620-1 车床,$P_E = 7$ kW,$\eta = 0.8$,如果要在该车床上以 80 m/min 的速度车削短轴,这时根据计算得切削力 $F_z = 4\,800$ N,则这台车床(　　)。
A. 不一定能切削　　　　　　　　B. 不能切削
C. 可以切削　　　　　　　　　　D. 一定可以切削
30. 在切削金属材料时,属于正常磨损中最常见的情况是(　　)磨损。
A. 前刀面　　　　　　　　　　　B. 后刀面
C. 前、后刀面　　　　　　　　　D. 切削平面
31. 规定(　　)的磨损量 VB 作为刀具的磨损限度。
A. 主切削刃　　　　　　　　　　B. 前刀面
C. 后刀面　　　　　　　　　　　D. 切削表面
32. 使用(　　)可提高刀具寿命。
A. 润滑液　　　　　　　　　　　B. 冷却液

C. 清洗液  D. 防锈液

33. (　　)砂轮适于刃磨高速钢车刀。
   A. 碳化硼  B. 金刚石
   C. 碳化硅  D. 氧化铝

34. 粗车时,选择切削用量的顺序是(　　)。
   A. $ap \to v \to F$  B. $F \to ap \to v$
   C. $v \to F \to ap$  D. $ap \to F \to v$

35. 被加工材料的(　　)和金相组织对其表面粗糙度影响最大。
   A. 强度  B. 硬度
   C. 塑性  D. 韧性

36. 硬质合金可转位车刀的特点是(　　)。
   A. 节省装刀时间  B. 不易打刀
   C. 夹紧力大  D. 刀片耐用

37. 使用硬质合金可转位刀具,必须选择(　　)。
   A. 合适的刀杆  B. 合适的刀片
   C. 合理的刀具角度  D. 合适的切削用量

38. 普通麻花接近横刃处的前角是(　　)。
   A. 负前角(-54°)  B. 0°
   C. 正前角(+30°)  D. 45°

39. 磨削加工的主运动是(　　)。
   A. 砂轮圆周运动  B. 工件旋转运动
   C. 工作台移动  D. 砂轮架运动

40. 在机床上用以装夹工件的装置,称为(　　)。
   A. 车床夹具  B. 专用夹具
   C. 机床夹具  D. 通用夹具

41. 采用夹具后,工件上有关表面的(　　)由夹具保证。
   A. 表面粗糙度  B. 几何要素
   C. 大轮廓尺寸  D. 位置精度

42. 任何一个未被约束的物体,在空间具有进行(　　)种运动的可能性。
   A. 六  B. 五
   C. 四  D. 三

43. 工件以两孔一面定位,限制了(　　)个自由度。
   A. 六  B. 五
   C. 四  D. 三

44. 采用一夹一顶安装阶台轴工件(夹持部分短),中间部位用中心架支承,这种定位属于(　　)定位。
   A. 重复  B. 完全

C. 欠 　　　　　　　　　　　　D. 部分

45. 夹具上不起定位作用的是(　　)支承。
A. 固定 　　　　　　　　　　B. 可调
C. 辅助 　　　　　　　　　　D. 定位

46. 设计夹具时,定位元件的公差应不大于工件公差的(　　)。
A. 1/2 　　　　　　　　　　 B. 1/3
C. 1/5 　　　　　　　　　　 D. 1/10

47. 对夹紧装置的基本要求中"正"是指(　　)。
A. 夹紧后,应保证工件在加工过程中的位置不发生变化
B. 夹紧时,应不破坏工件的正确定位
C. 夹紧迅速
D. 结构简单

48. 弹簧夹头和弹簧心轴是车床上常用的典型夹具,它能(　　)。
A. 定心 　　　　　　　　　　B. 定心不能夹紧
C. 夹紧 　　　　　　　　　　D. 定心又能夹紧

49. 组合夹具的零、部件,有良好的(　　)才能相互组合。
A. 硬度 　　　　　　　　　　B. 耐磨性
C. 连接 　　　　　　　　　　D. 互换性

50. (　　),可减小表面粗糙度。
A. 减小刀尖圆弧半径 　　　　B. 采用负刃倾角车刀
C. 增大主偏角 　　　　　　　D. 减小进给量

51. 已加工表面质量是指(　　)。
A. 表面粗糙度 　　　　　　　B. 尺寸精度
C. 形状精度 　　　　　　　　D. 表面粗糙度和表层材质变化

52. 被加工表面回转轴线与基准面互相垂直,外形复杂的工件可装夹在(　　)上加工。
A. 夹具 　　　　　　　　　　B. 角铁
C. 花盘 　　　　　　　　　　D. 三爪

53. 被加工表面回转轴线与(　　)互相平行,外形复杂的工件可装夹在花盘上加工。
A. 基准轴线 　　　　　　　　B. 基准面
C. 底面 　　　　　　　　　　D. 平面

54. 外圆和外圆或内孔和外圆的轴线(　　)的零件,叫作偏心工件。
A. 重合 　　　　　　　　　　B. 垂直
C. 平行 　　　　　　　　　　D. 平行而不重合

55. 偏心距较大的工件,可用(　　)来装夹。
A. 两顶尖 　　　　　　　　　B. 偏心套
C. 两顶尖和偏心套 　　　　　D. 偏心卡盘

56. (　　)装夹方法加工曲轴时,每次安装都要找正,其加工精度受操作者技术水平影

响较大。

    A. 一夹一顶                       B. 两顶尖

    C. 偏心板                        D. 专用夹具

57. 工件长度与直径之比(　　)25 倍时,称为细长轴。

    A. 小于                          B. 等于

    C. 大于                          D. 不等于

58. 车削细长轴工件时,跟刀架的支承爪压得过紧时,会使工件产生(　　)。

    A. 竹节形                       B. 锥形

    C. 鞍形                           D. 鼓形

59. 车削细长轴时,要使用中心架和跟刀架来增加工件的(　　)。

    A. 刚性                           B. 韧性

    C. 强度                          D. 硬度

60. 车细长轴时,为避免振动,车刀的主偏角应取(　　)。

    A. 45°                           B. 60°~75°

    C. 80°~93°                     D. 100°

61. 深孔加工主要的关键技术是深孔钻的(　　)问题。

    A. 几何形状和冷却排屑           B. 几何角度

    C. 冷却排屑                     D. 钻杆刚性和排屑

62. 使用枪孔钻(　　)。

    A. 必须使用导向套              B. 没有导向套,可用车刀顶着钻头

    C. 不用使导向套                 D. 先钻中心孔定位

63. 当圆锥角(　　)时,可以用近似公式计算圆锥半角。

    A. $\alpha<6°$                       B. $\alpha<3°$

    C. $\alpha<12°$                     D. $\alpha<8°$

64. CA6140 型卧式车床反转时的转速(　　)正转时的转速。

    A. 高于                          B. 等于

    C. 低于                          D. 大于

65. CA6140 型车床,为了使滑板的快速移动和机动进给自动转换,在滑板箱中装有(　　)。

    A. 互锁机构                    B. 超越离合器

    C. 安全离合器                   D. 脱落蜗杆机构

66. CA6140 型车床主轴孔锥度是莫氏(　　)号。

    A. 3                              B. 4

    C. 5                              D. 6

67. 在一根轴上能实现两种不同速度交替传动的离合器是(　　)离合器。

    A. 摩擦片式                    B. 超越

    C. 安全                          D. 牙嵌式

68. 下面( )属于操纵机构。
    A. 开车手柄                B. 大滑板
    C. 开合螺母                D. 尾座

69. 车床的开合螺母机构主要是用来( )。
    A. 防止过载                B. 自动断开走刀运动
    C. 接通或断开车螺纹运动    D. 自锁

70. 机床工作时,为防止丝杠传动和机动进给同时接通而损坏机床,在滑板箱中设有( )。
    A. 安全离合器              B. 脱落蜗杆机构
    C. 互锁机构                D. 开合螺母

71. 数控车床适于( )生产。
    A. 大批量                  B. 成批
    C. 多品种、小批量          D. 精度要求高的零件

72. 车削时,增大( )可以减少走刀次数,从而缩短机动时间。
    A. 切削速度                B. 走刀量
    C. 吃刀深度                D. 转速

73. 车床上的照明灯电压不超过( )V。
    A. 12                     B. 24
    C. 36                     D. 42

74. 磨粒的微刃在磨削过程中与工件发生切削、画划、摩擦抛光三个作用,粗磨时以切削作用为主、精磨分别以( )为主。
    A. 切削,刻画,摩擦         B. 切削,摩擦,抛光
    C. 刻画,摩擦,抛光         D. 刻画,切削

75. 在外圆磨床上磨削工件一般用( )装夹。
    A. 一夹一顶                B. 两顶尖
    C. 三爪卡盘                D. 电磁吸盘

76. M7120A 是应用较广的平面磨床,磨削尺寸精度一般可达( )。
    A. IT5                    B. IT7
    C. IT9                    D. IT11

77. 牛头刨床适宜于加工( )零件。
    A. 箱体类                  B. 床身导轨
    C. 小型平面、沟槽          D. 机座类

78. 镗削加工适宜于加工( )零件。
    A. 轴类                    B. 套类
    C. 箱体类                  D. 机座类

79. 生产准备中所进行的工艺选优,编制和修改工艺文件,设计补充制造工艺装备等属于( )。

A. 工艺技术准备 　　　　　　　　B. 人力的准备
C. 物料、能源准备 　　　　　　　D. 设备完好准备

80. 设备对产品质量的保证程度是设备的（　　）。
A. 生产性 　　　　　　　　　　　B. 耐用性
C. 可靠性 　　　　　　　　　　　D. 稳定性

二、判断题（第81～100题。将判断结果填入括号中,正确的填"√",错误的填"×"。每题1.0分,满分20分)

(　　)81. 尺寸链封闭环的尺寸是它的各个组成环尺寸的代数和。
(　　)82. 加工余量可分为工序余量和总余量两种。
(　　)83. 沿着螺旋线形成具有相同剖面的连续凸起和沟槽称为螺纹。
(　　)84. M24×2的螺纹升角比M24的螺纹升角大。
(　　)85. 车削外径为100 mm,模数为10 mm的模数螺纹,其分度圆直径为80 mm。
(　　)86. 用水平装刀法车削蜗杆时,由于其中一侧切削刃的前角变小,使切削不顺利。
(　　)87. 多线螺纹在计算交换齿轮时,应以线数进行计算。
(　　)88. 刀具耐热性是指金属切削过程中产生剧烈摩擦的性能。
(　　)89. 积屑瘤"冷焊"在前刀面上,可以增大刀具的切削前角,有利于切削加工。
(　　)90. 影响刀具寿命的因素有切削用量、刀具几何角度、加工材料、刀具材料等。
(　　)91. 磨刀时对刀面的基本要求是:刀刃平直,表面粗糙度小。
(　　)92. 一般机床夹具主要由定位元件、夹紧元件、对刀元件、夹具体等四部分组成。
(　　)93. 工件的实际定位点数,如不能满足加工要求,少于应有的定位点数,称欠定位。
(　　)94. 形位公差要求高的工件,在用花盘加工前,要先把花盘平面精车一刀。
(　　)95. 用百分表测得某偏心件最大与最小值的差为4.12 mm,该值即为实际偏心距。
(　　)96. 车削不允许调头接刀车削的细长轴工件时,应选用中心架提高细长轴的刚性。
(　　)97. 变速机构用来改变主动轴与从动轴之间的传动比。
(　　)98. 车床主轴前后轴承间隙过大,或主轴轴颈的圆度超差,车削时工件会产生圆度超差的缺陷。
(　　)99. 全面质量管理的基本特点就在于全员性和预防性。
(　　)100. 任何产品的生产都必须具有完整工艺规程,操作规范,产品标准和检验方法,一经确定,不得随意改变。

# 标准答案与评分标准

## 一、选择题

评分标准：各小题答对给 1.0 分；答错或漏答不给分，也不扣分。

1. B  2. B  3. A  4. A  5. A
6. B  7. A  8. C  9. B  10. A
11. A  12. C  13. D  14. A  15. A
16. C  17. C  18. B  19. C  20. B
21. C  22. C  23. B  24. C  25. C
26. B  27. C  28. B  29. B  30. B
31. C  32. B  33. D  34. D  35. C
36. A  37. D  38. A  39. A  40. C
41. D  42. A  43. A  44. A  45. C
46. B  47. B  48. D  49. D  50. D
51. D  52. C  53. B  54. D  55. D
56. A  57. A  58. A  59. C  60. C
61. A  62. A  63. C  64. A  65. B
66. C  67. B  68. A  69. C  70. C
71. C  72. C  73. C  74. C  75. B
76. B  77. C  78. C  79. A  80. C

## 二、判断题

评分标准：各小题答对给 1.0 分；答错或漏答不给分，也不扣分。

81. √  82. √  83. √  84. ×  85. √
86. √  87. ×  88. ×  89. √  90. √
91. ×  92. √  93. √  94. √  95. ×
96. ×  97. √  98. √  99. ×  100. √

# 习题 2

一、选择题（第 1~80 题。选择正确的答案，将相应的字母填入题内的括号中。每题 1.0 分，满分 80 分）

1. （　　）要求画出剖切平面以后的所有部分的投影。

   A. 剖面图　　　　　　　　　　B. 剖视图
   C. 视图　　　　　　　　　　　D. 移出剖面图

2. 单个圆柱齿轮的画法是在垂直于齿轮轴线方向的视图上不必剖开,而将( )用粗实线绘制。
    A. 齿顶圆  B. 分度圆
    C. 齿根圆  D. 基圆

3. 标注形位公差时箭头( )。
    A. 要指向被测要素  B. 指向基准要素
    C. 必须与尺寸线错开  D. 都要与尺寸线对齐

4. 标注表面粗糙度时,代号的尖端不应( )。
    A. 从材料内指向该表面可见轮廓  B. 从材料外指向该表面可见轮廓
    C. 从材料外指向尺寸线  D. 从材料外指向尺寸界线或引出线上

5. 零件的( )包括尺寸精度、几何形状精度和相互位置精度。
    A. 加工精度  B. 经济精度
    C. 表面精度  D. 精度

6. 在尺寸链中,当其他尺寸确定后,新产生的一个环是( )。
    A. 封闭环  B. 减环
    C. 组成环  D. 增环

7. 精车梯形螺纹时,为了便于左右车削,精车刀的刀头宽度应( )牙槽底宽。
    A. 小于  B. 等于
    C. 大于  D. 超过

8. 车螺纹时,在每次往复行程后,除中滑板横向进给外,小滑板只向一个方向做微量进给,这种车削方法是( )法。
    A. 直进  B. 左右切削
    C. 斜进  D. 车直槽

9. 法向直廓蜗杆在垂直于轴线的截面内齿形是( )。
    A. 延长渐开线  B. 渐开线
    C. 螺旋线  D. 阿基米德螺旋线

10. 车刀左右两刃组成的平面,当车蜗杆时,平面应与( )装刀。
    A. 轴线平行  B. 齿面垂直
    C. 轴线倾斜  D. 轴线等高

11. 用三针法测量模数 $m=5$,外径为 80 公制蜗杆时,测得 $M$ 值应为( )。
    A. 70  B. 92.125
    C. 82.125  D. 80

12. 同一条螺旋线相邻两牙在中径线上对应点之间的轴向距离称为( )。
    A. 螺距  B. 周节
    C. 节距  D. 导程

13. 车多线螺纹时,应按( )来计算挂轮。
    A. 螺距  B. 导程

C. 升角 D. 线数

14. 车削多线螺纹时（　　）。
A. 根据自己的经验，怎么车都行
B. 精车多次循环分线时，小滑板要一个方向赶刀
C. 应把各条螺旋槽先粗车好后，再分别精车
D. 应将一条螺旋槽车好后，再车另一条螺旋槽

15. 用单针测量法测量多线蜗杆分度圆直径时，应考虑（　　）误差对测量的影响。
A. 齿宽 B. 齿厚
C. 中径 D. 外径

16. 在丝杆螺距为 12 mm 的车床上，车削模数为 4 mm 的蜗杆（　　）产生乱扣。
A. 不一定会 B. 一定会
C. 会 D. 不会

17. 用直联丝杠法加工蜗杆，车床丝杠螺距为 12 mm，车削 $m_x = 3$，线数 $Z = 2$ 的蜗杆，则计算交换齿轮的齿数为（　　）。
A. 55/35 B. 110/70
C. (50/35)×(55/50) D. 55/70

18. （　　）硬质合金适于加工短切屑的黑色金属、有色金属及非金属材料。
A. P 类 B. K 类
C. M 类 D. 以上均可

19. 车外圆时，车刀装低，（　　）。
A. 前角变大 B. 前、后角不变
C. 后角变大 D. 后角变小

20. 下列（　　）情况应选用较小前角。
A. 工件材料软 B. 粗加工
C. 高速钢车刀 D. 半精加工

21. （　　）时应选用较小后角。
A. 工件材料软 B. 粗加工
C. 高速钢车刀 D. 半精加工

22. 切断刀的副偏角一般选（　　）。
A. 6°~8° B. 20°
C. 1°~1.5° D. 45°~60°

23. 当刀尖位于切削刃最高点时，刃倾角为（　　）值。
A. 正 B. 负
C. 零 D. 90°

24. 当 $K_r = $（　　）时，$aw = ap$。
A. $K_r = 45°$ B. $K_r = 75°$
C. $K_r = 90°$ D. $K_r = 80°$

25. (　　)时,可避免积屑瘤的产生。
  A. 使用切削液　　　　　　　　　B. 加大进给量
  C. 中等切削速度　　　　　　　　D. 小前角

26. 消耗的功最大的切削力是(　　)。
  A. 主切削力 $F_z$　　　　　　　　B. 切深抗力 $F_y$
  C. 进给抗力 $F_x$　　　　　　　　D. 反作用力

27. 一台 C620-1 车床,$P_E = 7$ kW,$\eta = 0.8$,如果要在该车床上以 80 m/min 的速度车削短轴,这时根据计算得切削力 $F_z = 3\ 600$ N,则切削功率为(　　)kW。
  A. 4800　　　　　　　　　　　　B. 7
  C. 4.8　　　　　　　　　　　　　D. 5.6

28. 当切屑变形最大时,切屑与刀具的摩擦也最大,对刀具来说,传热不容易的区域是在(　　)其切削温度也最高。
  A. 刀尖附近　　　　　　　　　　B. 前刀面
  C. 后刀面　　　　　　　　　　　D. 副后刀面

29. 用中等速度和中等进给量切削中碳钢工件时,刀具磨损形式是(　　)磨损。
  A. 前刀面　　　　　　　　　　　B. 后刀面
  C. 前、后刀面　　　　　　　　　D. 切削平面

30. 规定(　　)的磨损量 VB 作为刀具的磨损限度。
  A. 主切削刃　　　　　　　　　　B. 前刀面
  C. 后刀面　　　　　　　　　　　D. 切削表面

31. 刀具两次重磨之间纯切削时间的总和称为(　　)。
  A. 刀具磨损限度　　　　　　　　B. 刀具寿命
  C. 使用时间　　　　　　　　　　D. 机动时间

32. 下列因素中对刀具寿命影响最大的是(　　)。
  A. 切削深度　　　　　　　　　　B. 进给量
  C. 切削速度　　　　　　　　　　D. 车床转速

33. 刃磨时对刀刃的要求是(　　)。
  A. 刃口平直、光洁　　　　　　　B. 刃口表面粗糙度小、锋利
  C. 刃口平整、锋利　　　　　　　D. 刃口平直、表面粗糙度小

34. 刃磨车刀时,刃磨主后刀面,同时磨出(　　)。
  A. 主后角和刀尖角　　　　　　　B. 主后角和副偏角
  C. 主后角和主偏角　　　　　　　D. 主后角和副后角

35. 普通麻花钻特点是(　　)。
  A. 棱边磨损小　　　　　　　　　B. 易冷却
  C. 横刃长　　　　　　　　　　　D. 前角无变化

36. 修磨麻花钻横刃的目的是(　　)。
  A. 缩短横刃,降低钻削力　　　　B. 减小横刃处前角

C. 增大或减小横刃处前角  D. 增加横刃强度

37. 砂轮的硬度是指磨粒的（　　）。
A. 粗细程度  B. 硬度
C. 综合机械性能  D. 脱落的难易程度

38. 在机床上用以装夹工件的装置，称为（　　）。
A. 车床夹具  B. 专用夹具
C. 机床夹具  D. 通用夹具

39. 采用夹具后，工件上有关表面的（　　）由夹具保证。
A. 表面粗糙度  B. 几何要素
C. 大轮廓尺寸  D. 位置精度

40. 夹具中的（　　）装置能保证工件的正确位置。
A. 平衡  B. 辅助
C. 夹紧  D. 定位

41. 加工中用作定位的基准，称为（　　）基准。
A. 设计  B. 工艺
C. 定位  D. 装配

42. 在用大平面定位时，把定位平面做成（　　）以提高工件定位的稳定性。
A. 中凹  B. 中凸
C. 刚性  D. 网纹面

43. 工件以两孔一面定位，属于（　　）定位。
A. 部分  B. 完全
C. 欠  D. 重复

44. 采用一夹一顶安装工件（夹持部分长），这种定位属于（　　）定位。
A. 重复  B. 完全
C. 欠  D. 部分

45. 工件以圆柱心轴定位时，（　　）。
A. 没有定位误差
B. 有基准位移误差，没有基准不重合误差
C. 没有基准位移误差，有基准不重合误差
D. 有定位误差

46. 夹紧力的方向尽量与（　　）一致。
A. 工件重力  B. 进深抗力
C. 离心力  D. 切削力

47. 使用拨动顶尖装夹工件，用来加工（　　）。
A. 内孔  B. 外圆
C. 端面  D. 形状复杂工件

48. 组合夹具组装时，首先根据工件的加工工艺等资料，确定组装（　　）。

A. 方法 B. 方案
C. 步骤 D. 元件

49. 花盘可直接装夹在车床的(　　)上。

A. 卡盘 B. 主轴
C. 尾座 D. 专用夹具

50. 在花盘、角铁加工形位公差要求较高的工件,则花盘平面须经过(　　)。

A. 精车 B. 精铣
C. 精刨 D. 精锉

51. 外圆与外圆偏心的零件,叫(　　)。

A. 偏心套 B. 偏心轴
C. 偏心 D. 不同轴件

52. 偏心工件的加工原理,是把需要加工偏心部分的轴线找正到与车床主轴旋转轴线(　　)。

A. 平行 B. 垂直
C. 重合 D. 不重合

53. 在三爪卡盘上车偏心工件,已知 $D=50$ mm,偏心距 $e=2$ mm,试切后,用百分表测得最大值与最小值的差值为 4.08 mm,则正确的垫片厚度为(　　)mm。

A. 2.94 B. 3.06
C. 3 D. 6.12

54. 用百分表测得某偏心件最大与最小值的差为 4.12 mm,则实际偏心距为(　　)。

A. 4.12 B. 8.24
C. 2.06 D. 2

55. 曲轴的装夹就是解决(　　)的加工。

A. 主轴颈 B. 曲柄颈
C. 曲柄臂 D. 曲柄偏心距

56. 车削光杠时,应使用(　　)支承,以增加工件刚性。

A. 中心架 B. 跟刀架
C. 过渡套 D. 弹性顶尖

57. 车细长轴时,为了减小切削力和切削热,应该选择(　　)。

A. 较大的前角 B. 较小的前角
C. 较小的主偏角 D. 较大的后角

58. 深孔加工主要的关键技术是深孔钻的(　　)问题。

A. 钻杆刚性和排屑 B. 几何角度和冷却
C. 几何形状和冷却排屑 D. 冷却排屑

59. CA6140 型卧式车床反转时的转速(　　)正转时的转速。

A. 高于 B. 等于
C. 低于 D. 大于

60. CA6140 型车床,为了使滑板的快速移动和机动进给自动转换,在滑板箱中装有( )。
   A. 过载保护机构　　　　　　　　B. 互锁机构
   C. 安全离合器　　　　　　　　　D. 超越离合器

61. CA6140 型车床主轴前支承处装有一个双列推力向心球轴承,主要用于承受( )。
   A. 径向作用力　　　　　　　　　B. 右向轴向力
   C. 左向轴向力　　　　　　　　　D. 左右轴向力

62. 车床的开合螺母机构主要是用来( )。
   A. 接通或断开车螺纹运动　　　　B. 自动断开走刀运动
   C. 自锁　　　　　　　　　　　　D. 防止过载

63. 互锁机构的作用是防止( )而损坏机床。
   A. 纵、横进给同时接通　　　　　B. 丝杠传动和机动进给同时接通
   C. 光杠、丝杠同时转动　　　　　D. 主轴正转、反转同时接通

64. 调整中滑板丝杆与螺母之间的间隙,实际上是通过增大两螺母之间的( )距离而实现的。
   A. 径向　　　　　　　　　　　　B. 上下
   C. 轴向　　　　　　　　　　　　D. 切向

65. CA6140 型车床与 C620 型车床相比,CA6140 型车床具有下列特点( )。
   A. 进给箱变速杆强度差　　　　　B. 主轴孔小
   C. 滑板箱操纵手柄多　　　　　　D. 滑板箱有快速移动机构

66. 车床主轴( )使车出的工件出现圆度误差。
   A. 径向跳动　　　　　　　　　　B. 轴向窜动
   C. 摆动　　　　　　　　　　　　D. 窜动

67. 数控车床加工不同零件时,只需更换( )即可。
   A. 毛坯　　　　　　　　　　　　B. 凸轮
   C. 车刀　　　　　　　　　　　　D. 计算机程序

68. 一工人在 8 h 内加工 120 件零件,其中 8 件零件不合格,则其劳动生产率为( )件。
   A. 15　　　　　　　　　　　　　B. 14
   C. 120　　　　　　　　　　　　 D. 8

69. 实现工艺过程中( )所消耗的时间属于辅助时间。
   A. 测量和检验工件　　　　　　　B. 休息
   C. 准备刀具　　　　　　　　　　D. 切削

70. 减少加工余量,可缩短( )时间。
   A. 基本　　　　　　　　　　　　B. 辅助
   C. 准备　　　　　　　　　　　　D. 结束

71. 车床操作过程中,(  )。
    A. 搬工件应戴手套              B. 不准用手清屑
    C. 短时间离开不用切断电源      D. 卡盘停不稳可用手扶住

72. 属于甲类火灾危险品是:(  )。
    A. 氢气、煤油、红磷            B. 乙炔、酒精、红磷
    C. 天然气、柴油、闪光粉        D. 甲烷、汽油、硫黄

73. 起吊重物时,不允许的操作是(  )。
    (A) 起吊前安全检查             B. 同时按两个电钮
    C. 重物起落均匀                D. 严禁吊臂下站人

74. 文明生产应该(  )。
    A. 磨刀时应站在砂轮侧面        B. 短切屑可用手清除
    C. 量具放在顺手的位置          D. 千分尺可当卡规使用

75. 在外圆磨床上磨削工件一般用(  )装夹。
    A. 三爪卡盘                    B. 一夹一顶
    C. 两顶尖                      D. 电磁吸盘

76. 在平面磨削中,一般来说,端面磨削比圆周磨削(  )。
    A. 效率高                      B. 加工质量好
    C. 磨削热大                    D. 磨削力大

77. 用细粒度的磨具对工件施加很小的压力,并做往复振动和慢速纵向进给运动,以实现微磨削的加工方法称(  )。
    A. 超精加工                    B. 珩磨
    C. 研磨                        D. 抛光

78. 生产准备是指生产的(  )准备工作。
    A. 技术                        B. 物质
    C. 物质、技术                  D. 人员

79. 生产计划是企业(  )的依据。
    A. 组织日常生产活动            B. 调配劳动力
    C. 生产管理                    D. 合理利用生产设备

80. 生产技术三要素是指(  )。
    A. 劳动力、劳动工具、劳动对象  B. 设计技术、工艺技术、管理技术
    C. 人、财、物                  D. 产品品种、质量、数量

二、判断题(第81~100题。将判断结果填入括号中,正确的填"√",错误的填"×"。每题1.0分,满分20分)

(    )81. 绘制零件工作图时,对零件表面的各种缺陷如砂眼等要在图上标注出来。
(    )82. 粗加工应在功率大、精度低、刚性好的机床上进行。
(    )83. 车螺纹时,车刀走刀方向的实际前角增大,实际后角减少。
(    )84. 螺纹车刀纵向前角对螺纹牙形角没有影响。

(　　)85. 刀具耐热性是指金属切削过程中产生剧烈摩擦的性能。
(　　)86. 在主剖面内,前刀面与切削平面之间的夹角称为前角。
(　　)87. 加工硬化对下道工序的加工没有影响。
(　　)88. 切削脆性金属时,切削速度改变切削力也跟着变化。
(　　)89. 粗车时的切削用量,一般是以提高生产率为主,但也应考虑经济性和加工成。
(　　)90. 部分定位是没有消除全部自由度的定位方式。
(　　)91. 工件以其经过加工的平面,在夹具的四个支承块上定位,属于四点定位。
(　　)92. 对夹紧装置的基本要求中"正"是指夹紧后,应保证工件在加工过程中的位置不发生变化。
(　　)93. 工件材料相同,车削时温升基本相等,其热变形伸长量主要取决于刀具磨损程度。
(　　)94. 使用弹性顶尖加工细长轴,可有效地补偿工件的热变形伸长。
(　　)95. 高压内排屑钻的优点是切削液通过"喷"和"吸"两个作用将切屑排出。
(　　)96. 制动装置的作用是在车床停止过程中,克服惯性,使主轴迅速停转。
(　　)97. 变速机构用来改变主动轴与从动轴之间的传动比。
(　　)98. 变向机构用来改变机床运动部件的运动方向。
(　　)99. 使用机械可转位车刀,可减少辅助时间。
(　　)100. 点检是指按照标准要求对设备,通过检测仪器进行有无异状的检查。

# 标准答案与评分标准

## 一、选择题

评分标准：各小题答对给 1.0 分；答错或漏答不给分,也不扣分。

1. B　2. A　3. A　4. A　5. A
6. A　7. A　8. C　9. A　10. B
11. C　12. D　13. B　14. C　15. D
16. B　17. A　18. B　19. C　20. B
21. B　22. C　23. A　24. C　25. A
26. A　27. C　28. A　29. C　30. C
31. B　32. C　33. A　34. C　35. C
36. A　37. D　38. C　39. D　40. D
41. C　42. A　43. B　44. A　45. B
46. D　47. C　48. C　49. C　50. A
51. B　52. C　53. A　54. C　55. B
56. B　57. A　58. C　59. A　60. D

61. D  62. A  63. B  64. C  65. D
66. A  67. D  68. B  69. A  70. A
71. B  72. B  73. B  74. A  75. C
76. A  77. A  78. C  79. C  80. B

二、判断题

评分标准：各小题答对给 1.0 分；答错或漏答不给分，也不扣分。

81. ×  82. √  83. √  84. ×  85. ×
86. ×  87. ×  88. ×  89. √  90. √
91. ×  92. ×  93. ×  94. √  95. ×
96. √  97. √  98. √  99. √  100. ×

# 习题 3

一、选择题（第 1~80 题。选择正确的答案，将相应的字母填入题内的括号中。每题 1.0 分，满分 80 分）

1. 当直线与圆相切时，切点在（　　）。
   A. 连心线上  B. 连心线的延长线上
   C. 过圆心作直线的垂线垂足处  D. 以上三者都不对

2. 外螺纹的规定画法是牙顶（大径）及螺纹终止线用（　　）表示。
   A. 细实线  B. 细点画线
   C. 粗实线  D. 波浪线

3. 同一表面有不同粗糙度要求时，须用（　　）分出界线，分别标出相应的尺寸和代号。
   A. 点画线  B. 细实线
   C. 粗实线  D. 虚线

4. "①选择比例和图幅；②布置图面，完成底稿；③检查底稿，标注尺寸和技术要求后描深图形；④填写标题栏"是绘制（　　）的步骤。
   A. 装配图  B. 零件草图
   C. 零件工作图  D. 标准件图

5. 零件加工后的实际几何参数与理想几何参数的（　　）称为加工精度。
   A. 误差大小  B. 偏离程度
   C. 符合程度  D. 差别

6. 在尺寸链中，当其他尺寸确定后，新产生的一个环是（　　）。
   A. 增环  B. 减环
   C. 封闭环  D. 组成环

7. 下列说法正确的是（　　）。

A. 增环公差最大 　　　　　　　　B. 减环尺寸最小
C. 封闭环公差最大 　　　　　　　D. 封闭环尺寸最大

8. 定位基准应从与(　　)有相对位置精度要求的表面中选择。
A. 加工表面 　　　　　　　　　　B. 被加工表面
C. 已加工表面 　　　　　　　　　D. 切削表面

9. 一般单件、小批生产多遵循(　　)原则。
A. 基准统一 　　　　　　　　　　B. 基准重合
C. 工序集中 　　　　　　　　　　D. 工序分散

10. 总余量是(　　)之和。
A. 各工步余量 　　　　　　　　　B. 各工序余量
C. 工序和工步余量 　　　　　　　D. 工序和加工余量

11. 低碳钢为避免硬度过低切削时粘刀,应采用(　　)热处理。
A. 退火 　　　　　　　　　　　　B. 正火
C. 淬火 　　　　　　　　　　　　D. 时效

12. 梯形螺纹的(　　)是公称直径。
A. 外螺纹大径 　　　　　　　　　B. 外螺纹小径
C. 内螺纹大径 　　　　　　　　　D. 内螺纹小径

13. 用450 r/min的转速车削Tr50×-12内螺纹孔径时,切削速度为(　　)m/min。
A. 70.7 　　　　　　　　　　　　B. 54
C. 450 　　　　　　　　　　　　　D. 50

14. 用三针法测量Tr30×-10螺纹的中径,测的$M$值应为(　　)mm。
A. 36.535 　　　　　　　　　　　B. 31.535
C. 25 　　　　　　　　　　　　　D. 30

15. 螺纹升角一般是指螺纹(　　)处的升角。
A. 大径 　　　　　　　　　　　　B. 中径
C. 小径 　　　　　　　　　　　　D. 顶径

16. 高速车螺纹时,硬质合金螺纹车刀的刀尖角应(　　)螺纹的牙型角。
A. 大于 　　　　　　　　　　　　B. 等于
C. 小于 　　　　　　　　　　　　D. 大于、小于或等于

17. 车削外径100 mm,模数为8 mm的两线公制蜗杆,其周节为(　　)mm。
A. 50.24 　　　　　　　　　　　B. 25.12
C. 16 　　　　　　　　　　　　　D. 12.56

18. 测量蜗杆分度圆直径的方法有(　　)。
A. 螺纹量规 　　　　　　　　　　B. 三针测量
C. 齿轮卡尺 　　　　　　　　　　D. 千分尺

19. Tr40×12(P6)螺纹的线数为(　　)。
A. 12 　　　　　　　　　　　　　B. 6

C. 2　　　　　　　　　　　　　　D. 3

20. 用齿轮卡尺测量的是(　　)。
 A. 螺距　　　　　　　　　　　　B. 周节
 C. 法向齿厚　　　　　　　　　　D. 轴向齿厚

21. 车刀切削部分材料的硬度不能低于(　　)。
 A. HRC90　　　　　　　　　　　B. HRC70
 C. HRC60　　　　　　　　　　　D. HB230

22. 加工塑性金属材料应选用(　　)硬质合金。
 A. P类　　　　　　　　　　　　B. K类
 C. M类　　　　　　　　　　　　D. 以上均可

23. 主切削刃在基面上的投影与进给方向之间的夹角是(　　)。
 A. 前角　　　　　　　　　　　　B. 后角
 C. 主偏角　　　　　　　　　　　D. 副偏角

24. 下列(　　)情况应选用较大后角。
 A. 硬质合金车刀　　　　　　　　B. 车脆性材料
 C. 车刀材料强度差　　　　　　　D. 车塑性材料

25. 控制切屑排屑方向的角度是(　　)。
 A. 主偏角　　　　　　　　　　　B. 前角
 C. 刃倾角　　　　　　　　　　　D. 后角

26. 积屑瘤可以保护刀具,所以对(　　)有利。
 A. 粗加工　　　　　　　　　　　B. 精加工
 C. 所有加工都是　　　　　　　　D. 半精加工

27. 加工硬化层的深度可达(　　)mm。
 A. 1　　　　　　　　　　　　　B. 2
 C. 0　　　　　　　　　　　　　D. 0.07~0.5

28. (　　)是产生振动的重要因素。
 A. 主切削力 $F_z$　　　　　　　　B. 切深抗力 $F_y$
 C. 进给抗力 $F_x$　　　　　　　　D. 反作用力 $F$

29. 一台 CA6140 车床,$P_E=7.5$ kW,$\eta=0.8$,用 YT5 车刀将直径为 80 mm 的中碳钢毛坯在一次进给中车成直径为 70 mm 的半成品,若选进给量为 0.3 mm/r,车床主轴转速为 400 r/min,则主切削力为(　　)N。
 A. 1 500　　　　　　　　　　　B. 3 000
 C. 6 000　　　　　　　　　　　D. 12 000

30. 车削时切削热主要是通过(　　)进行传导。
 A. 切屑和刀具　　　　　　　　　B. 切屑和工件
 C. 刀具　　　　　　　　　　　　D. 周围介质

31. 一般用硬质合金粗车碳钢时,磨损量=VB(　　)mm。

A. (0.6~0.8)  B. (0.8~1.2)
C. (0.1~0.3)  D. (0.3~0.5)

32. 刀具（　　）重磨之间纯切削时间的总和称为刀具寿命。
A. 多次  B. 一次
C. 两次  D. 无数次

33. 切削强度和硬度高的材料，切削温度（　　）。
A. 较低  B. 较高
C. 中等  D. 不变

34. （　　）砂轮适于刃磨高速钢车刀。
A. 碳化硼  B. 金刚石
C. 碳化硅  D. 氧化铝

35. 对表面粗糙度影响较小的是（　　）。
A. 切削速度  B. 进给量
C. 切削深度  D. 工件材料

36. 使用硬质合金可转位刀具，必须选择（　　）。
A. 合适的刀杆  B. 合适的刀片
C. 合理的刀具角度  D. 合适的切削用量

37. 磨削加工工件的旋转是（　　）运动。
A. 工作  B. 磨削
C. 进给  D. 主

38. 四爪卡盘是（　　）夹具。
A. 通用  B. 专用
C. 车床  D. 机床

39. 体现定位基准的表面称为（　　）。
A. 定位面  B. 定位基面
C. 基准面  D. 夹具体

40. 长V形块定位能消除（　　）个自由度。
A. 二  B. 三
C. 四  D. 五

41. 工件的（　　）个自由度全部被限制，它在夹具中只有唯一的位置，属于完全定位。
A. 三  B. 四
C. 五  D. 六

42. 采用一夹一顶安装工件（夹持部分长），重复限制了（　　）个自由度。
A. 1  B. 2
C. 3  D. 6

43. 用自定心卡盘装夹工件，当夹持部分较短时，它属于（　　）定位。
A. 部分  B. 完全

C. 重复  D. 欠

44. 工件以小锥度心轴定位时,(　　)。
   A. 没有定位误差
   B. 有基准位移误差,没有基准不重合误差
   C. 没有基准位移误差,有基准不重合误差
   D. 有定位误差

45. 保证工件在加工过程中的位置不发生变化,是(　　)。
   A. 牢  B. 正
   C. 快  D. 简

46. 夹紧力的方向应垂直于工件的(　　)。
   A. 主要定位基准面  B. 加工表面
   C. 未加工表面  D. 已加工表面

47. 端面拨动顶尖是利用(　　)带动工件旋转,而工件仍以中心孔与顶尖定位。
   A. 鸡心夹头  B. 梅花顶尖
   C. 端面拨爪  D. 端面摩擦

48. (　　),可减小表面粗糙度。
   A. 磨修光刃  B. 采用负刃倾角车刀
   C. 增大主偏角  D. 低速车削

49. (　　)是指表面粗糙度和表层材质变化。
   A. 尺寸公差  B. 已加工表面质量
   C. 形状精度  D. 工件质量

50. 在花盘上加工工件,车床主轴转速应选(　　)。
   A. 较低  B. 中速
   C. 较高  D. 高速

51. 花盘、角铁的定位基准面的形位公差,要(　　)工件形位公差的1/2。
   A. 大于  B. 等于
   C. 小于  D. 不等于

52. 在三爪卡盘上车偏心工件,已知 $D=40$ mm,偏心距 $e=4$ mm,则试切削时垫片厚度为(　　)mm。
   A. 4  B. 4.5
   C. 6  D. 8

53. 减少薄壁变形的方法有使用(　　)。
   A. 中心架  B. 扇形软卡爪
   C. 弹性顶尖  D. 径向夹紧装置

54. 车削长丝杠时,应使用(　　)支承,以增加工件刚性。
   A. 中心架  B. 跟刀架
   C. 过渡套  D. 弹性顶尖

55. 车削细长轴时,要使用中心架和跟刀架来增加工件的（　　）。
   A. 刚性　　　　　　　　　　　　B. 稳定性
   C. 刚性　　　　　　　　　　　　D. 弯曲变形

56. 车细长轴时,为避免振动,车刀的主偏角应取（　　）。
   A. 45°　　　　　　　　　　　　 B. 60°~75°
   C. 80°~93°　　　　　　　　　　D. 100°

57. 喷吸钻的排屑方式为（　　）。
   A. 外排屑　　　　　　　　　　　B. 内排屑
   C. 前排屑　　　　　　　　　　　D. 后排屑

58. CA6140型卧式车床主轴箱Ⅲ到Ⅴ轴之间的传动比实际上有（　　）种。
   A. 四　　　　　　　　　　　　　B. 六
   C. 三　　　　　　　　　　　　　D. 五

59. CA6140型车床,车削米制螺纹的导程范围是（　　）mm。
   A. 1~192　　　　　　　　　　　B. 1~96
   C. 0.25~48　　　　　　　　　　D. 1~12

60. 在一根轴上能实现两种不同速度交替传动的离合器是（　　）离合器。
   A. 摩擦片式　　　　　　　　　　B. 超越
   C. 安全　　　　　　　　　　　　D. 牙嵌式

61. （　　）的功用是在车床停车过程中,使主轴迅速停止转动。
   A. 离合器　　　　　　　　　　　B. 电动机
   C. 制动装置　　　　　　　　　　D. 开合螺母

62. 变速机构可在主动轴转速（　　）时,使从动轴获地不同的转速。
   A. 由小变大　　　　　　　　　　B. 由大变小
   C. 改变　　　　　　　　　　　　D. 不改变

63. 车刀的进给方向是由（　　）机构控制的。
   A. 操纵　　　　　　　　　　　　B. 变速
   C. 进给　　　　　　　　　　　　D. 变向

64. （　　）机构用来改变离合器和滑移齿轮的啮合位置,实现主运动和进给运动的启动、停止、变速、变向等动作。
   A. 制动　　　　　　　　　　　　B. 变向
   C. 操纵　　　　　　　　　　　　D. 变速

65. CA6140型车床,当进给抗力过大、刀架运动受到阻碍时,能自动停止进给运动的机构是（　　）。
   A. 互锁机构　　　　　　　　　　B. 安全离合器
   C. 超越离合器　　　　　　　　　D. 开合螺母

66. 中滑板丝杆螺母之间的间隙,调整后,要求中滑板丝杆手柄转动灵活,正反转时的空行程在（　　）转以内。

A. 1/20 B. 1/10
C. 1/5 D. 1/2

67. CA6140型车床与C620型车床相比,CA6140型车床具有下列特点( )。
A. 有高速细进给 B. 主轴孔小
C. 进给箱变速杆强度差 D. 滑板箱操纵手柄多

68. 数控车床加工不同零件时,只需更换( )即可。
A. 计算机程序 B. 凸轮
C. 毛坯 D. 车刀

69. 劳动生产率是指单位时间内所生产的( )数量。
A. 合格品 B. 产品
C. 合格品+废品 D. 合格品-废品

70. 属于辅助时间范围的是( )时间。
A. 开车、停车 B. 进给切削所需
C. 领取和熟悉产品图样 D. 工人喝水,上厕所

71. 机动时间分别与切削用量及加工余量成( )。
A. 正比;反比 B. 正比;正比
C. 反比;正比 D. 反比;反比

72. 火灾报警电话是:( )。
A. 110 B. 114
C. 119 D. 120

73. 起吊重物时,允许的操作是( )。
A. 超负荷起吊 B. 斜拉斜吊
C. 起吊前安全检查 D. 吊臂下站人

74. 磨削加工精度高,尺寸精度可达( )。
A. IT4 B. IT6～IT5
C. IT8～IT9 D. IT12

75. 在外圆磨床上磨削工件,用两顶尖装夹时,顶尖一般为( )
A. 死顶尖 B. 活顶尖
C. 弹性顶尖 D. 端面拨动顶尖

76. 在平面磨削中,一般来说,圆周磨削比端面磨削( )。
A. 效率高 B. 加工质量好
C. 磨削热大 D. 磨削力大

77. 铣削加工时铣刀旋转是( )。
A. 进给运动 B. 工作运动
C. 切削运动 D. 主运动

78. 牛头刨床适宜于加工( )零件。
A. 箱体类 B. 床身导轨

C. 小型平面、沟槽　　　　　　　　　D. 机座类

79. 生产计划是企业(　　　)的依据。

A. 调配劳动力　　　　　　　　　　B. 生产管理

C. 组织日常生产活动　　　　　　　D. 合理利用生产设备

80. 在车间生产中,严肃贯彻工艺规程,执行技术标准严格坚持"三按"即(　　　)组织生产,不合格产品不出车间。

A. 按人员,按设备　　　　　　　　B. 按人员,按资金,按物质

C. 按图纸,按工艺,按技术标准　　　D. 按车间,按班组,按个人

二、判断题(第81～100题。将判断结果填入括号中,正确的填"√",错误的填"×"。每题1.0分,满分20分)

(　　)81. 在CA6140车床上车削Tr36×24(P6)的螺纹,不会产生乱扣。

(　　)82. 车刀安装高低对主、副偏角无影响。

(　　)83. 当主偏角$K_r = 90°$时,切削厚度ac达到最小值。

(　　)84. 切削铸铁等脆材料时,切削层首先产生塑性变形,然后产生崩裂的不规则粒状切屑,称崩碎切屑。

(　　)85. 使用切削液可提高刀具寿命。

(　　)86. 麻花钻的前角外小里大,其变化范围为 –30°～+30°。

(　　)87. 砂轮之所以能加工各种硬质材料,是由于刀具作高速旋转运动。

(　　)88. 当工件以平面作为定位基准时,为保证定位的稳定可靠应采用三点定位的方法。

(　　)89. 在角铁上加工工件,第一个工件的找正困难,辅助时间长。

(　　)90. 外圆和外圆或内孔和外圆的轴线平行而不重合的零件,叫作偏心工件。

(　　)91. 车削细长轴工件时,跟刀架的支承爪压得过紧时,会把工件车成"锥形"。

(　　)92. 有一外圆锥,已知$D = 65$ mm,$D = 35$ mm,$L = 100$ mm。用近似公式求圆锥半角为8°36′。

(　　)93. 车床大滑板手轮与刻度盘是同步运动的。

(　　)94. 开合螺母跟燕尾形导轨配合的松紧程度,可用螺钉支紧或放松楔铁进行调整。

(　　)95. 互锁机构的作用是保证开合螺母合上后,机动进给不能接通,反之,机动进给接通时,开合螺母能合上。

(　　)96. 立式车床在结构上的主要特点是主轴垂直布置。

(　　)97. 单件和小批生产时,辅助时间往往消耗单件工时的一半以上。

(　　)98. 车床开动前,应检查车床各部分机构是否完好,各手柄等位置是否正确。

(　　)99. 镗床特别适宜加工孔距精度和相对位置精度要求很高的孔系。

(　　)100. 操作者对自用设备的使用要达到会使用、会保养、会检查、会排除故障。

# 标准答案与评分标准

**一、选择题**

评分标准：各小题答对给1.0分；答错或漏答不给分，也不扣分。

1. C  2. C  3. B  4. C  5. B
6. C  7. C  8. B  9. C  10. B
11. B  12. A  13. B  14. B  15. B
16. C  17. B  18. B  19. C  20. C
21. C  22. A  23. C  24. D  25. C
26. A  27. D  28. B  29. B  30. B
31. A  32. C  33. B  34. D  35. C
36. D  37. C  38. A  39. B  40. D
41. D  42. B  43. D  44. A  45. A
46. A  47. C  48. A  49. B  50. A
51. C  52. C  53. B  54. B  55. C
56. C  57. B  58. D  59. A  60. B
61. C  62. D  63. D  64. C  65. B
66. A  67. A  68. A  69. A  70. A
71. C  72. C  73. C  74. B  75. A
76. B  77. D  78. C  79. B  80. C

**二、判断题**

评分标准：各小题答对给1.0分；答错或漏答不给分，也不扣分。

81. ×  82. √  83. ×  84. ×  85. √
86. ×  87. ×  88. √  89. √  90. √
91. ×  92. ×  93. ×  94. √  95. ×
96. √  97. √  98. √  99. √  100. √

# 习题 4

**一、选择题**（第1~60题。选择一个正确的答案，将相应的字母填入题内的括号中。每题1.0分，满分60分）

1. 变压器不能改变（　　）。
   A. 交变电压　　　　　　　　　　B. 交变电流
   C. 直流电压　　　　　　　　　　D. 相位

2. 立式车床在结构布局上的另一个特点是：不仅在（　　）上装有侧刀架，而且在横梁上还装有立刀架。

　　A. 滑板　　　　　　　　　　　　　　B. 导轨

　　C. 立柱　　　　　　　　　　　　　　D. 床身

3. 违反安全操作规程的是（　　）。

　　A. 执行国家劳动保护政策　　　　　　B. 可使用不熟悉的机床和工具

　　C. 遵守安全操作规程　　　　　　　　D. 执行国家安全生产的法令、规定

4. 加工细长轴要使用中心架和跟刀架，以增加工件的（　　）刚性。

　　A. 工作　　　　　　　　　　　　　　B. 加工

　　C. 回转　　　　　　　　　　　　　　D. 安装

5. 偏心轴的结构特点是两轴线平行而（　　）。

　　A. 重合　　　　　　　　　　　　　　B. 不重合

　　C. 倾斜30°　　　　　　　　　　　　D. 不相交

6. 齿轮画法中，齿根线在剖视图中用（　　）线表示。

　　A. 虚　　　　　　　　　　　　　　　B. 粗实

　　C. 曲　　　　　　　　　　　　　　　D. 中心

7. 珠光体灰铸铁的组织是（　　）。

　　A. 铁素体+片状石墨　　　　　　　　B. 铁素体+球状石墨

　　C. 铁素体+珠光体+片状石墨　　　　D. 珠光体+片状石墨

8. 保持工作环境清洁有序不正确的是（　　）。

　　A. 优化工作环境　　　　　　　　　　B. 工作结束后再清除油污

　　C. 随时清除油污和积水　　　　　　　D. 整洁的工作环境可以振奋职工精神

9. 用正弦规检验锥度的量具有检验平板、（　　）规、量块、百分表、活动表架等。

　　A. 正弦　　　　　　　　　　　　　　B. 塞

　　C. 环　　　　　　　　　　　　　　　D. 圆

10. 高速钢车刀应选择（　　）的前角，硬质合金车刀应选择（　　）的前角。

　　A. 适中，较大　　　　　　　　　　　B. 较小，较大

　　C. 较大，较小　　　　　　　　　　　D. 偏小，适中

11. 当卡盘本身的精度较高，装上主轴后圆跳动大的主要原因是主轴（　　）过大。

　　A. 转速　　　　　　　　　　　　　　B. 旋转

　　C. 跳动　　　　　　　　　　　　　　D. 间隙

12. 两拐曲轴的画线工序中要在工件两端面共画（　　）偏心部分的中心线。

　　A. 五个　　　　　　　　　　　　　　B. 两个

　　C. 三个　　　　　　　　　　　　　　D. 四个

13. 车削矩形螺纹的刀具主要有45°车刀、90°车刀、（　　）刀、矩形螺纹车刀、内孔车刀、麻花钻、中心钻等。

　　A. 铣　　　　　　　　　　　　　　　B. 切槽

C. 圆弧 D. 锉

14. 在给定一个方向时，平行度的公差带是(　　)。

A. 距离为公差值 $t$ 的两平行直线之间的区域

B. 直径为公差值 $t$，且平行于基准轴线的圆柱面内的区域

C. 距离为公差值 $t$，且平行于基准平面(或直线)的两平行平面之间的区域

D. 正截面为公差值 $t_1 \cdot t_2$，且平行于基准轴线的四棱柱内的区域

15. 三针测量蜗杆分度圆直径时千分尺读数值 $M$ 的计算公式 $M = d_2 + 3.924dD - (\ \ )m$。

A. 1.866 B. 4.414
C. 3.966 D. 4.316

16. (　　)与外圆的轴线平行而不重合的工件，称为偏心轴。

A. 中心线 B. 内径
C. 端面 D. 外圆

17. 可能引起机械伤害的做法是(　　)。

A. 正确穿戴防护用品 B. 不跨越运转的机轴
C. 旋转部件上不放置物品 D. 可不戴防护眼镜

18. (　　)切削刃选定点相对于工件的主运动瞬时速度。

A. 切削速度 B. 进给量
C. 工作速度 D. 切削深度

19. 深缝锯削时，当锯缝的深度超过锯弓的高度应将锯条(　　)。

A. 从开始连续锯到结束 B. 转过90°从新装夹
C. 装的松一些 D. 装的紧一些

20. 当锉刀锉至约(　　)行程时，身体停止前进。两臂则继续将锉刀向前锉到头。

A. 1/4 B. 1/2
C. 3/4 D. 4/5

21. 刀具材料的工艺性包括刀具材料的热处理性能和(　　)性能。

A. 使用 B. 耐热性
C. 足够的强度 D. 刃磨

22. 加工连接盘的刀具有立式车床用的外圆车刀、端面车刀、(　　)刀、内孔车刀等。

A. 铣 B. 螺纹
C. 切槽 D. 刨

23. 铰削带有键槽的孔时，采用(　　)铰刀。

A. 圆锥式 B. 可调节式
C. 整体式圆柱 D. 螺旋槽式

24. 测量偏心距时，用顶尖顶住基准部分的中心孔，百分表测头与偏心部分外圆接触，用手转动工件，百分表读数最大值与最小值之差的(　　)就是偏心距的实际尺寸。

A. 一半 B. 二倍

C. 一倍　　　　　　　　　　　　　　D. 尺寸

25. 操作（　　），安全省力，夹紧速度快。
A. 简单　　　　　　　　　　　　　　B. 方便

26. 加工飞轮刀具有立式车床用的（　　）车刀、端面车刀、切槽刀、内孔车刀等。
A. 螺纹　　　　　　　　　　　　　　B. 外圆
C. 60°　　　　　　　　　　　　　　D. 45°

27. 关于转换开关叙述不正确的是（　　）。
A. 倒顺开关手柄有倒顺停 3 个位置　　B. 组合开关常用于机床控制线路中
C. 倒顺开关常用于电源的引入开关　　D. 倒顺开关手柄只能在 90°范围内旋转

28. $R_a$ 数值越大，零件表面就越（　　），反之表面就越（　　）。
A. 粗糙，光滑平整　　　　　　　　　B. 光滑平整，粗糙
C. 平滑，光整　　　　　　　　　　　D. 圆滑，粗糙

29. （　　）用于制造低速手用刀具。
A. 碳素工具钢　　　　　　　　　　　B. 碳素结构钢
C. 合金工具钢　　　　　　　　　　　D. 高速钢

30. 梯形螺纹的测量一般采用（　　）测量法测量螺纹的中径。
A. 辅助　　　　　　　　　　　　　　B. 法向
C. 圆周　　　　　　　　　　　　　　D. 三针

31. 选用 45°车刀是加工细长轴外圆处的（　　）和倒钝。
A. 倒角　　　　　　　　　　　　　　B. 沟槽
C. 键槽　　　　　　　　　　　　　　D. 轴径

32. 粗车蜗杆时，背刀量过大，会发生"啃刀"现象，所以在车削过程中，应控制切削用量，防止"（　　）"。
A. 啃刀　　　　　　　　　　　　　　B. 扎刀
C. 加工硬化　　　　　　　　　　　　D. 积屑瘤

33. 用百分表测量时，测量杆与工件表面应（　　）。
A. 垂直　　　　　　　　　　　　　　B. 平行
C. 相切　　　　　　　　　　　　　　D. 相交

34. 磨削加工中所用砂轮的三个基本组成要素是（　　）。
A. 磨料、黏合剂、孔隙　　　　　　　B. 磨料、黏合剂、硬度
C. 磨料、硬度、孔隙　　　　　　　　D. 硬度、颗粒度、孔隙

35. 测量非整圆孔工件时，用游标卡尺、千分尺、内径百分表、杠杆式百分表、画线盘、（　　）等。
A. 钢尺　　　　　　　　　　　　　　B. 检验棒
C. 角尺　　　　　　　　　　　　　　D. 样板

36. 坐标系内几何点位置的坐标值均从坐标原点标注或（　　），这种坐标值称为绝对坐标。

A. 填写 B. 编程
C. 计量 D. 作图

37. 企业的质量方针不是(　　)。
A. 企业总方针的重要组成部分 B. 规定了企业的质量标准
C、每个职工必须熟记的质量准则 D. 企业的岗位工作职责

38. 离合器由端面带有螺旋齿爪的左、右两半组成,左半部由(　　)带动在轴上空转,右半部分和轴上花键联结。
A. 主轴 B. 光杠
C. 齿轮 D. 花键

39. 齿轮的花键宽度 $8_{0.035}^{0.065}$,最小极限尺寸为(　　)。
A. 7.935 B. 7.965
C. 8.035 D. 8.065

40. 较大曲轴一般都在两端留工艺轴颈,或装上(　　)夹板。在工艺轴颈上或偏心夹板上钻出主轴颈和曲轴颈的中心孔。
A. 偏心 B. 大
C. 鸡心 D. 工艺

41. 关于主令电器叙述不正确的是(　　)。
A. 行程开关分为按钮式、旋转式和微动式三种
B. 按钮分为常开、常闭和复合按钮
C. 按钮只允许通过小电流
D. 按钮不能实现长距离电器控制

42. 敬业就是以一种严肃认真的态度对待工作,下列不符合的是(　　)。
A. 工作勤奋努力 B. 工作精益求精
C. 工作以自我为中心 D. 工作尽心尽力

43. 加工蜗杆的刀具主要有45°车刀、(　　)车刀、切槽刀、内孔车刀、麻花钻、蜗杆刀等。
A. 75° B. 90°
C. 60° D. 40°

44. 锯齿形螺纹的牙顶宽 $W=($　　$)P$。
A. 0.2638 B. 0.414
C. 0.5413 D. 0.6495

45. 双重卡盘装夹工件安装方便,不需调整,但它的刚性较差,不宜选择较大的(　　),适用于小批量生产。
A. 车床 B. 转速
C. 切深 D. 切削用量

46. 为了减小曲轴的弯曲和扭转变形,可采用两端传动或中间传动方式进行加工。并尽量采用有前后刀架的机床使加工过程中产生的(　　)互相抵消。

A. 切削抗力　　　　　　　　　　　B. 抗力
C. 摩擦力　　　　　　　　　　　　D. 夹紧力

47. 粗车时,使蜗杆牙形基本成型;精车时,保证齿形螺距和(　　)尺寸。
A. 角度　　　　　　　　　　　　　B. 外径
C. 公差　　　　　　　　　　　　　D. 法向齿厚

48. (　　)主要性能是不易溶于水,但熔点低,耐热能力差。
A. 钠基润滑脂　　　　　　　　　　B. 钙基润滑脂
C. 锂基润滑脂　　　　　　　　　　D. 石墨润滑脂

49. 正弦规由工作台、两个直径相同的精密圆柱、(　　)挡板和后挡板等零件组成。
A. 下　　　　　　　　　　　　　　B. 前
C. 后　　　　　　　　　　　　　　D. 侧

50. 中心架安装在床身导轨上,当中心架支撑在工件中间工件的(　　)可提高好几倍。
A. 韧性　　　　　　　　　　　　　B. 硬度
C. 刚性　　　　　　　　　　　　　D. 长度

51. 增大装夹时的接触面积,可采用特制的软卡爪和(　　),这样可使夹紧力分布均匀,减小工件的变彩。
A. 套筒　　　　　　　　　　　　　B. 夹具
C. 开缝套筒　　　　　　　　　　　D. 定位销

52. C630 型车床主轴(　　)或局部剖视图反映出零件的几何形状和结构特点。
A. 旋转剖　　　　　　　　　　　　B. 半剖
C. 剖面图　　　　　　　　　　　　D. 全剖

53. 按含碳量分类,45 钢属于(　　)。
A. 低碳钢　　　　　　　　　　　　B. 中碳钢
C. 高碳钢　　　　　　　　　　　　D. 多碳钢

54. 偏心夹紧装置中偏心轴的转动中心与几何中心(　　)。
A. 垂直　　　　　　　　　　　　　B. 不平行
C. 平行　　　　　　　　　　　　　D. 不重合

55. 减速器箱体加工过程第一阶段将箱盖与底座(　　)加工。
A. 分开　　　　　　　　　　　　　B. 同时
C. 精　　　　　　　　　　　　　　D. 半精

56. 矩形外螺纹牙高公式是 $h_1 =$ (　　)。
A. $P + b$　　　　　　　　　　　　B. $2P + a$
C. $0.5P + ac$　　　　　　　　　　D. $0.5P$

57. 在形位公差代号中,基准采用(　　)标注。
A. 小写拉丁字母　　　　　　　　　B. 大写拉丁字母
C. 数字　　　　　　　　　　　　　D. 数字符号并用

58. 主偏角增大使切削厚度增大,减小了(　　)变形,所以切削力减小。

A. 机床 　　　　　　　　　　B. 刀具
C. 材料 　　　　　　　　　　D. 切屑

59. 偏心工件的主要装夹方法有：两顶尖装夹、四爪卡盘装夹、三爪卡盘装夹、偏心卡盘装夹、双重卡盘装夹、（　　）偏心夹具装夹等。
A. 专用 　　　　　　　　　　B. 通用
C. 万能 　　　　　　　　　　D. 单动

60. 车削偏心轴的专用偏心夹具，偏心套做成（　　）形，外圆夹在卡盘上。
A. 矩形 　　　　　　　　　　B. 圆柱
C. 圆锥 　　　　　　　　　　D. 台阶

二、判断题（第 61～70 题。将判断结果填入括号中，正确的填"√"，错误的填"×"。每题 1.0 分，满分 10 分）

61. （　　）对于精度要求不高的两孔中心距，测量方法不同。
62. （　　）外圆与内孔偏心的零件叫偏心轴。
63. （　　）CA6140 车床互锁机构有横向进给操纵轴、固定套、球头销和弹簧销组成。
64. （　　）Tr44×8 左表示梯形螺纹，公称直径为 $\phi 44$，螺距为 8 mm。
65. （　　）量块具有很高的研合性，其测量面的平面度误差极小。
66. （　　）增量编程格式如下：U——　　W——。
67. （　　）在车削过程中，解决螺旋线的不等距分布问题叫分线。
68. （　　）数控车床结构大为简化，精度和自动化程度大为提高。
69. （　　）若跟刀架支撑爪太松，就会影响工件的形状精度，使车出的工件呈"竹节形"。
70. （　　）带传动是由带轮和带组成。

# 标准答案与评分标准

一、选择题（第 1～60 题。选择一个正确的答案，将相应的字母填入题内的括号中。每题 1.0 分，满分 60 分）

1. C　2. C　3. B　4. C　5. B　6. B
7. C　8. B　9. A　10. C　11. D　12. D
13. B　14. C　15. A　16. D　17. D　18. A
19. B　20. C　21. D　22. C　23. D　24. A
25. B　26. B　27. C　28. A　29. A　30. D
31. A　32. B　33. B　34. A　35. B　36. C
37. C　38. D　39. C　40. A　41. C　42. C
43. B　44. A　45. D　46. A　47. D　48. B
49. D　50. C　51. C　52. D　53. B　54. D

55. A　56. C　57. B　58. D　59. D　60. A

二、判断题(第 61~70 题。将判断结果填入括号中,正确的填"√",错误的填"×"。每题 1 分,满分 10 分)

61. ×　62. ×　63. ×　64. ×　65. √　66. √　67. ×　68. √　69. √　70. √

# 习题 5

一、选择题(第 1~60 题。选择正确的答案,将相应的字母填入题内的括号中。每题 1.0 分,满分 60 分)

1. 以内孔定位来加工外圆的环形零件,当直径较大、长度较短时,可以用(　　)的台阶面装夹工件内孔。
   A. 反卡爪　　　　　　　　　　B. 正卡爪
   C. 三爪　　　　　　　　　　　D. 四爪

2. 当工件无中心孔或工件较短、偏心距小于(　　)时,可将工件外圆放置在 V 形架上用百分表测量偏心距。
   A. 5 mm　　　　　　　　　　 B. 6 mm
   C. 7 mm　　　　　　　　　　 D. 8 mm

3. 工件材料的(　　)越高,导热系数越小,则刀具磨损越快,刀具使用寿命越低。
   A. 强度　　　　　　　　　　　B. 硬度
   C. 强度、硬度　　　　　　　　D. 表面粗糙度

4. 适用于狭长小平面或有凸台的狭平面的精锉加工方法是(　　)。
   A. 顺向锉　　　　　　　　　　B. 交叉锉
   C. 推锉　　　　　　　　　　　D. 旋转锉

5. 法兰盘表面划钻孔线属于(　　)。
   A. 画线　　　　　　　　　　　B. 平面画线
   C. 立体画线　　　　　　　　　D. 表面画线

6. 硬质合金螺纹车刀的径向前角取(　　)。
   A. −5°　　　　　　　　　　　　B. 3°~5°
   C. 0°　　　　　　　　　　　　 D. 5°~15°

7. 在切削用量相同的条件下,适当减小(　　)会使切削温度降低。
   A. 后角　　　　　　　　　　　B. 主偏角
   C. 前角　　　　　　　　　　　D. 刃倾角

8. 采用反切刀切断大直径工件时,排屑方便,且不容易(　　)。
   A. 折断　　　　　　　　　　　B. 振纹
   C. 扎刀　　　　　　　　　　　D. 振动

9. 立式车床的垂直刀架上通常带有转位刀架,在转位刀架上可以装夹几组刀具,可( )使用。
   A. 交换  B. 对换
   C. 轮换  D. 置换
10. 机床夹具可扩大机床工艺范围、提高劳动生产率和( )。
    A. 有技术储备  B. 使用方便
    C. 保证加工精度  D. 减少尺寸链组成环数量
11. 螺纹千分尺的结构和使用方法与( )相似。
    A. 游标卡尺  B. 外径千分尺
    C. 齿厚游标卡尺  D. 内径百分表
12. 美制螺纹的牙数在机床名牌上按车床( )部分表示交换齿轮。
    A. 公制  B. 英制
    C. 模数  D. 径节
13. 当积屑瘤增大到切削刃之外时,会改变切削深度,因此影响工件的( )。
    A. 设计精度  B. 加工精度
    C. 尺寸精度  D. 使用性能
14. 退火和正火热处理可改善零件的( ),提高加工质量,减小刀具磨损。
    A. 加工性能  B. 工艺性能
    C. 装夹性能  D. 加工性质
15. 夹紧力必须( ),小于工件在允许范围内产生夹紧变形误差时的最大夹紧力。
    A. 小于夹紧工件所需的最大夹紧力  B. 大于夹紧工件所需的最大夹紧力
    C. 大于夹紧工件所需的最小夹紧力  D. 小于夹紧工件所需的最小夹紧力
16. 在双重卡盘上车削偏心工件的方法是,在四爪单动卡盘上装一个( ),并偏移一个偏心距。
    A. 三爪卡盘  B. 四爪卡盘
    C. 软爪卡盘  D. 专用夹具
17. 国家环境保护行政主管部门不负责( )。
    A. 制定监测制度  B. 制定监测规范
    C. 定时进行环境状况公报  D. 加强对环境监测的管理
18. 一般主轴的加工工艺路线为下料→锻造→退火(正火)→粗加工→调质→半精加工→( )→粗磨→时效→精磨。
    A. 精加工  B. 渗氮处理
    C. 表面渗碳  D. 表面淬火
19. 大型轴类零件在吊装过程中要注意找正工件的( ),以防重心不稳发生事故。
    A. 平衡  B. 平稳
    C. 平移  D. 平均
20. 夹紧力的作用点应选在工件( )较好的部位。

A. 强度 B. 硬度
C. 韧性 D. 刚度

21. 刃磨麻花钻时,除了保证顶角和后角的大小适当外,还应保证两个(　　)必须对称。

　　A. 主后面 B. 螺旋槽面
　　C. 棱边 D. 主切削刃

22. 在花盘角铁上装夹工件如不校正平衡,则工件会在加工中因(　　)的作用,影响加工精度,而且可能损坏车床,影响安全操作。

　　A. 离心力 B. 向心力
　　C. 进给力 D. 背向力

23. 孔与外圆同轴度要求较高的较长工件车削时,往往采用中心架来增强工件(　　),保证同轴度。

　　A. 强度 B. 硬度
　　C. 刚度 D. 韧性

24. 锯齿形螺纹的旋合长度分为(　　)。

　　A. S,N 和 L 三组 B. S 和 N 两组
　　C. N 和 L 两组 D. S 和 L 两组

25. (　　)一般适用于非配合零件,或对形状和位置精度要求严格,而对尺寸精度要求相对较低的场合。

　　A. 包容原则 B. 独立原则
　　C. 相关原则 D. 最大实体原则

26. 为改善 T10 钢的切削加工性,通常采用(　　)处理。

　　A. 球化退火 B. 正火
　　C. 完全退火 D. 去应力退火

27. 用刨刀在刨床上对工件进行切削加工的方法叫(　　)。

　　A. 钻削 B. 铣削
　　C. 刨削 D. 铰削

28. 组合夹具的组装,必须熟悉零件图、工艺和技术要求,特别是对本(　　)所要达到的技术要求要了解透彻。

　　A. 工种 B. 工位
　　C. 工序 D. 工艺

29. 职业纪律是在特定的事业活动范围内从事某种职业的人们必须共同遵守的(　　)。

　　A. 行为标准 B. 行为准则
　　C. 行为规范 D. 行动标准

30. 机械零件的真实大小是以图样上的(　　)为依据。

　　A. 比例 B. 尺寸数值

C. 技术要求 D. 粗糙度值

31. 圆柱度公差带是( )。

A. 半径差等于公差值 $t$ 的两同心圆所限定的区域

B. 直径差等于公差值 $t$ 的两同心圆所限定的区域

C. 半径差等于公差值 $t$ 的两同轴圆柱面所限定的区域

D. 直径差等于公差值 $t$ 的两同轴圆柱面所限定的区域

32. 下列( )是劳动合同的订立原则。

A. 合法原则 B. 保护公民合法民事权益的原则

C. 遵守法律和国家政策的原则 D. 利益协调原则

33. 精加工铜质材料时,为了得到较高的表面质量,可选用( )的乳化液。

A. 3%~5% B. 7%~10%

C. 10%~15% D. 15%~20%

34. 三视图的投影对应规律是长对正、( )、宽相等。

A. 高对齐 B. 高平齐

C. 高不等 D. 高等宽

35. 职业道德行为指从业者在一定的职业道德知识、情感、意志、信念支配下所采取的( )。

A. 自觉活动 B. 实践活动

C. 职业活动 D. 文化活动

36. 车削细长轴时,为了减少径向切削力引起工件的弯曲,车刀的( )应选择在80°~93°。

A. 主偏角 B. 副偏角

C. 主后角 D. 副后角

37. 大型机床的刚度比小型机床好,所以大型零件粗加工时相对可以选择( )。

A. 较大进给量和背吃刀量 B. 较高的切削速度和进给量

C. 较高的切削速度和背吃刀量 D. 较小的进给量和背吃刀量

38. 梯形螺纹车刀装刀时,刀尖角的角平分线要垂直于工件轴线,以免产生( )误差。

A. 螺纹升角 B. 螺纹斜角

C. 螺纹半角 D. 牙型角

39. 综合测量是用螺纹( )对螺纹各部分主要尺寸同时进行综合检验的一种测量方法。

A. 千分尺 B. 量规

C. 环规 D. 塞规

40. 细长轴切削中工件受热会产生变形,甚至会使工件( )在顶尖间无法加工。

A. 卡死 B. 卡住

C. 卡牢 D. 卡稳

41. 在零件的加工中,应先加工出选定的后续工序的(　　)。
   A. 主要表面　　　　　　　　　　　B. 次要表面
   C. 精基准　　　　　　　　　　　　D. 粗基准
42. 对于螺距大于 4 mm 的梯形螺纹可采用(　　)进行粗车。
   A. 试切法　　　　　　　　　　　　B. 左右切削法
   C. 直槽法　　　　　　　　　　　　D. 斜进法
43. 薄壁工件在(　　)、切削力的作用下,易产生变形、振动,影响工件精度,易产生热变形,工件尺寸不易掌握。
   A. 夹紧力　　　　　　　　　　　　B. 拉力
   C. 重力　　　　　　　　　　　　　D. 内应力
44. 如果两端中心孔连线与工件外圆轴线不同轴,工件(　　)有可能加工不出来。
   A. 端面　　　　　　　　　　　　　B. 内孔
   C. 外圆　　　　　　　　　　　　　D. 阶台
45. 压板压紧工件的部位要选择正确,以保证(　　)。
   A. 装夹牢靠　　　　　　　　　　　B. 减少装夹变形
   C. 装夹牢靠和减少装夹变形　　　　D. 平衡
46. 铸件和锻件在冷却过程中的不均匀是造成毛坯(　　)不均匀的根源。
   A. 强度　　　　　　　　　　　　　B. 刚度
   C. 硬度　　　　　　　　　　　　　D. 韧性
47. 车削台阶轴时,为了保证车削时的(　　),一般先车削直径较大的一端,再车削直径较小的一端,以此类推。
   A. 强度　　　　　　　　　　　　　B. 硬度
   C. 刚度　　　　　　　　　　　　　D. 塑性
48. 互锁机构作用是使机床在接通时,开合螺母不能(　　)。
   A. 合上　　　　　　　　　　　　　B. 断开
   C. 接触　　　　　　　　　　　　　D. 接通
49. 锯齿形螺纹用于承受(　　)的传力螺旋。
   A. 单位压力　　　　　　　　　　　B. 单向压力
   C. 单位压强　　　　　　　　　　　D. 单向压强
50. 轮盘类零件多为铸造件,装夹前应先(　　)各处铸造冒口和附砂,使装夹稳定可靠
   A. 解除　　　　　　　　　　　　　B. 扫除
   C. 清除　　　　　　　　　　　　　D. 删除
51. 刃倾角主要依据(　　)来决定。
   A. 材料的强度和硬度　　　　　　　B. 切削速度
   C. 材料的强度及切削速度　　　　　D. 排屑方向、刀具强度、加工条件
52. 在工件的端面上画偏心轴线前,应先用游标高度尺找正工件中心并画出(　　),然后将游标高度尺的游标上移一个所需的偏心距,画出偏心轴线。

A. 圆线 B. 田字线
C. 十字线 D. 端面线

53. 当畸形工件的表面都需要加工时,应选择余量(　　)的表面作为主要定位基面。
A. 最大 B. 最小
C. 适中 D. 比较大

54. 吊装工件时,(　　)严禁站人。
A. 车床头部 B. 车床尾部
C. 吊臂下 D. 过道旁

55. 切削用量中,对切削力影响最大的是(　　)。
A. 背吃刀量和进给量 B. 背吃刀量
C. 进给量 D. 切削速度

56. 梯形螺纹车刀的进给方向后角为(　　)。
A. $(3°\sim5°)+\psi$ B. $(3°\sim5°)-\psi$
C. $(5°\sim8°)+\psi$ D. $(5°\sim8°)-\psi$

57. 画线是指在毛坯或工件上,用(　　)画出待加工部位的轮廓线或作为基准的点、线。
A. 画针 B. 画规
C. 高度尺 D. 画线工具

58. 车床滑板移动对主轴轴线的平行度超差,影响加工件的(　　)。
A. 垂直度 B. 平行度
C. 圆度 D. 圆柱度

59. 端面全跳动是该端面的形状误差及其对基准轴线的(　　)的综合反映。
A. 同轴度 B. 平行度
C. 垂直度 D. 对称度

60. 在四爪卡盘上装夹车削有孔间距工件时,一般按找正画线、预车孔、测量孔距(　　)、找正偏心量、车孔至尺寸的工艺过程加工。
A. 实际尺寸 B. 画线尺寸
C. 偏心尺寸 D. 标注尺寸

二、判断题(第61~80题。将判断结果填入括号中,正确的填"√",错误的填"×"。每题1.0分,满分20分)

61. (　　)管螺纹按母体形状分为圆柱管螺纹和圆锥管螺纹。

62. (　　)互换性要求零件具有一定的加工精度。

63. (　　)铜与锡的合金称为青铜。

64. (　　)车削钢料时,矩形螺纹车刀粗车每次的进给量为0.2~0.3 mm,精车为0.02~0.1 mm。

65. (　　)用两顶尖车偏心工件,找正时间多。

66. (　　)用靠模法车削锥管螺纹,精度高。

67. (　　)制动器的作用是能及时停止进给运动。
68. (　　)$RL_1$ 表示瓷插式熔断器。
69. (　　)在职业道德人格中,职业道德意志是关键。
70. (　　)在工作中要处理好个人和集体的利益关系,做到个人服从集体,保证个人利益和集体利益的统一。
71. (　　)已知直角三角形的两条直角边的长度分别为 8 cm 和 6 cm,则斜边的长度为 10 cm。
72. (　　)调质处理可作为某些精密零件的预备热处理,以减少最终热处理过程中的变形。
73. (　　)曲轴颈夹角的测量有用万能角度尺测量法和用垫块测量法两种。
74. (　　)在四爪卡盘上加工偏心孔时,可通过用百分表找正工件端面对主轴轴线垂直的方法来保证两孔之间的平行度。
75. (　　)当截平面垂直于圆柱轴线时,截交线是一个直径等于圆柱直径的圆。
76. (　　)车削短小薄壁工件时,为了保证内、外圆轴线的同轴度,可用一次装夹来车削。
77. (　　)轴向直廓蜗杆的轴向齿廓为曲线。
78. (　　)道德就是依靠社会舆论、传统习惯、教育和人的信念的力量去调整人与人、个人与社会之间关系的一种特殊的行为规范。
79. (　　)田字线中的"十字"主要用于检验。
80. (　　)外矩形螺纹精车刀刀头宽度为螺纹槽宽尺寸加 0.03 ~ 0.05 mm。

## 标准答案与评分标准

一、选择题(第 1 ~ 60 题。选择一个正确的答案,将相应的字母填入题内的括号中。每题 1.0 分,满分 60 分)

1. D　2. D　3. D　4. C　5. B　6. D　7. B　8. C
9. D　10. A　11. B　12. A　13. B　14. C　15. C　16. D
17. C　18. B　19. D　20. C　21. B　22. B　23. C　24. D
25. A　26. C　27. C　28. C　29. B　30. C　31. C　32. C
33. B　34. D　35. C　36. C　37. C　38. C　39. A　40. C
41. C　42. C　43. C　44. C　45. C　46. C　47. C　48. C
49. D　50. C　51. C　52. C　53. C　54. A　55. C　56. D
57. D　58. D　59. B　60. C

二、判断题(第 61 ~ 80 题。将判断结果填入括号中,正确的填"√",错误的填"×"。每题 1.0 分,满分 20 分)

(81 – 90 自己做答案) 81. √　82. √　83. √　84. √

85. × 86. √ 87. × 88. √ 89. √ 90. √
91. × 92. √ 93. √ 94. × 95. × 96. √ 97. × 98. √
99. √ 100. ×

# 习题 6

**一、选择题**(第 1~80 题。选择一个正确答案,将相应的字母填入题内的括号中。每题 1.0 分,满分 80 分)

1. ( )适用于加工短轴、盘、套类的较精密的偏心工件。
   A. 用偏心卡盘车偏心          B. 用双重卡盘加工偏心
   C. 用三爪卡盘和垫片加工偏心   D. 用四爪卡盘加工偏心

2. 局部视图一般用波浪线或( )表示撕裂部分的边界。
   A. 点画线          B. 直线
   C. 双点画线        D. 双折线

3. 长锥孔一般采用锥度心轴定位,可限制( )自由度。
   A. 4 个            B. 5 个
   C. 6 个            D. 7 个

4. 车削细长轴时,不论是低速还是高速切削,为了减少工件的温升而引起热变形,必须加注( )充分冷却。
   A. 水              B. 柴油
   C. 乳化液          D. 机油

5. ( )是在特定的事业活动范围内从事某种职业的人们必须共同遵守的行为准则。
   A. 组织纪律        B. 劳动纪律
   C. 保密纪律        D. 职业纪律

6. 零件图绘完之后,应标注技术要求,填写( )。
   A. 绘图步骤        B. 标题栏
   C. 工艺卡盘        D. 阅图步骤

7. 对精度较高的曲面,除了标注尺寸精度和表面粗糙度外,还标注( )。
   A. 直线度          B. 平面度
   C. 圆度            D. 线轮廓度

8. 中间齿轮不能改变( )。
   A. 齿轮旋转方向    B. 传动比
   C. 啮合方式        D. 传动方式

9. 采用反切刀切断大直径工件时,排屑方便,且不容易( )。
   A. 折断            B. 震纹
   C. 扎刀            D. 振动

10. 由于高速车削螺纹时牙形角要扩大,所以螺纹刀的刀尖要适当减少( )。
   A. 15′                                      B. 30′
   C. 45′                                      D. 1′

11. 工件以 V 形架作定位元件,不仅安装方便,而且( )。
   A. 对中性好                                  B. 对边性好
   C. 对等性好                                  D. 对称性好

12. 立式车床的垂直刀架上通常常有转位刀架,在转位刀架上可以安装几组刀具,可( )使用。
   A. 交换                                      B. 对换
   C. 轮换                                      D. 置换

13. 在双重卡盘上车削偏心工件,刚度差且( )较大,切削用量只能选的较低。
   A. 进给力                                    B. 背向力
   C. 向心力                                    D. 离心力

14. 在工件几个互成不同角度的表面上画线,才能明确表示加工界线的称为( )
   A. 画线                                      B. 平面画线
   C. 立体画线                                  D. 表面画线

15. 在一定的切削温度下,刀具表面的金相组织发生变化,使得刀具硬度下降,磨损加快,这种磨损称为( )。
   A. 机械磨损                                  B. 黏性磨损
   C. 相变磨损                                  D. 扩散磨损

16. 直径大,要求高的盘类薄壁工件在粗车后,可将工件装夹在( )上精车内孔。
   A. 花盘                                      B. 角铁
   C. 心轴                                      D. 卡盘

17. 薄壁工件粗车后,应进行( ),消除内应力引起的变形。
   A. 退火处理                                  B. 时效处理
   C. 正火处理                                  D. 调制处理

18. 表面粗糙度的代号应标注在( )上。
   A. 可见轮廓线、尺寸线、尺寸界线
   B. 不可见轮廓线、尺寸线、尺寸界线
   C. 可见轮廓线、尺寸线或其延长线
   D. 可见轮廓线、尺寸线、尺寸界线或其延长线

19. 细长轴切削中工件受热会产生形变,甚至会使工件( )在顶尖间无法加工。
   A. 卡死                                      B. 卡住
   C. 卡牢                                      D. 卡稳

20. 对于( )的梯形螺纹,可用一把螺纹刀垂直进刀车成
   A. 精度要求不高、螺距较大                    B. 精度要求较高、螺距较大
   C. 精度要求不高、螺距较小                    D. 精度要求较高、螺距较小

21. 为了抑制积屑瘤的产生,提高表面粗糙度,当用硬质合金刀切削工件时,一般选用(　　)的切削速度。
　　A. 较大　　　　　　　　　　　　B. 较小
　　C. 较高　　　　　　　　　　　　D. 较低
22. 由车削应力和切削热产生的变形,可通过消除应力,并尽可能(　　),多次调头加工,充分冷却等措施来减少加工件的圆柱的误差。
　　A. 提高切削速度和进给量,减小切削深度
　　B. 提高切削速度和进给量,加大切削深度
　　C. 降低切削速度和进给量,减小切削深度
　　D. 降低切削速度和进给量,加大切削深度
23. 曲轴的偏心距测量要求较高,需要用(　　)测量。
　　A. 游标高度尺　　　　　　　　　B. 游标卡尺
　　C. 外径千分尺　　　　　　　　　D. 量块
24. 超越离合器的作用是实现(　　)。
　　A. 横向和纵向进给的切换　　　　B. 快速和慢速移动的切换
　　C. 丝杠的接通与断开　　　　　　D. 传动系统的保护
25. 反向进给车削细长轴,不易产生(　　),能使工件达到较高的加工精度和较小表面粗糙度。
　　A. 扭曲变形　　　　　　　　　　B. 抗拉变形
　　C. 弯曲变形　　　　　　　　　　D. 抗压变形
26. 化学热处理与其他热处理方法的基本区别是(　　)。
　　A. 加热温度　　　　　　　　　　B. 组织变化
　　C. 改变表面化学成分　　　　　　D. 改变内部化学成分
27. 在两顶尖装夹的工件,限制(　　)自由度,属于部分定位。
　　A. 4 个　　　　　　　　　　　　B. 5 个
　　C. 6 个　　　　　　　　　　　　D. 3 个
28. 下列各关系式中,表示孔与轴配合为过盈配合的是(　　)。
　　A. EI > es　　　　　　　　　　　B. ei > ES
　　C. EI < ei < ES　　　　　　　　 D. ES < ei
29. 0 ~ 25 mm 螺纹千分尺侧头对数为(　　)。
　　A. 3 对　　　　　　　　　　　　B. 4 对
　　C. 5 对　　　　　　　　　　　　D. 6 对
30. 切削用量对切削温度影响最大的是(　　)。
　　A. 切削速度　　　　　　　　　　B. 进给量
　　C. 背吃刀量　　　　　　　　　　D. 切削时间
31. 车刀的角度中对切削温度影响最大的因素是(　　)。
　　A. 切削速度　　　　　　　　　　B. 进给量

C. 背吃刀量

32. 弹簧心轴的锥角一般为( )。
   A. 35°~45°　　　　　　　　　　B. 5°~15°
   C. 25°~35°　　　　　　　　　　D. 15°~25°

33. 油液黏度是油液流动时内部产生的( )。
   A. 压力　　　　　　　　　　　　B. 摩擦力
   C. 拉力　　　　　　　　　　　　D. 作用力

34. 用百分表检测端面圆跳动时,百分表测杆要与被测平面( )。
   A. 平行　　　　　　　　　　　　B. 垂直
   C. 倾斜15°　　　　　　　　　　D. 倾斜30°

35. 采用合适的切削液可以消除积削瘤、鳞刺,时间少( )的有效方法。
   A. 形状公差　　　　　　　　　　B. 尺寸公差
   C. 表面粗糙度值　　　　　　　　D. 位置公差

36. 当麻花钻的顶角等于118°时,两切削刃为( )。
   A. 直线　　　　　　　　　　　　B. 凹曲线
   C. 凸曲线　　　　　　　　　　　D. 斜线

37. 车床的一级保养分为( )。
   A. 外表、主轴箱、交换齿轮箱
   B. 主轴、交换齿轮箱、溜板和刀架
   C. 外表、主轴箱、溜板和刀架
   D. 外表、主轴箱、交换齿轮箱、溜板和刀架

38. 角铁上安装心轴时,心轴和孔的配合一般为( )。
   A. 间隙配合　　　　　　　　　　B. 过盈配合
   C. 过度配合　　　　　　　　　　D. 单一配合

39. 夹具各元件的( )误差以及夹具磨损,使工件的位置变化,影响加工表面位置误差。
   A. 位置　　　　　　　　　　　　B. 形状
   C. 尺寸　　　　　　　　　　　　D. 表面粗糙度

40. 三角螺纹一般不给出中经尺寸,只标注( )。
   A. 公差带代号　　　　　　　　　B. 上偏差
   C. 下偏差　　　　　　　　　　　D. 公差

41. 用( )在工件圆柱面上切出外螺纹的加工方法称为套螺纹。
   A. 丝锥　　　　　　　　　　　　B. 板牙
   C. 钻头　　　　　　　　　　　　D. 铰刀

42. 有一个六角螺母,对角距离为25 mm,用扳手扳动时,其扳手的开口不得少于( )mm。
   A. 22　　　　　　　　　　　　　B. 24

C. 25 　　　　　　　　　　　　　　D. 28

43. 对不宜调头装夹、车削的细长轴,可安装刀架或中心架进行车削,以增加工件的(　　),抵消径向切削力,减小工件变形。
    A. 强度　　　　　　　　　　　　B. 硬度
    C. 刚度　　　　　　　　　　　　D. 韧性

44. 周铣时,用(　　)方式进行铣削,铣刀的耐用度较高,获得加工表面的表面粗糙度值较小。
    A. 顺铣　　　　　　　　　　　　B. 对称铣
    C. 非对称铣　　　　　　　　　　D. 逆铣

45. 道德认识修养主要是指道德知识的获得和道德观念的(　　)。
    A. 形成　　　　　　　　　　　　B. 产生
    C. 获得　　　　　　　　　　　　D. 发生

46. 英制螺纹的基本尺寸是指(　　)。
    A. 外螺纹的大径　　　　　　　　B. 内螺纹的小径
    C. 外螺纹的大径　　　　　　　　D. 外螺纹的小径

47. 对于精度要求较高的工作,为了消除内应力,改善工件的机械性能,在粗车后还要经过(　　)处理。
    A. 调质或正火　　　　　　　　　B. 调质或退火
    C. 淬火或正火　　　　　　　　　D. 淬火或退火

48. 大型机床的(　　)比小型机床好,所以大型零件粗加工时可以选择较大的进给量和背吃刀量。
    A. 强度　　　　　　　　　　　　B. 刚度
    C. 硬度　　　　　　　　　　　　D. 精度

49. 在四爪卡盘上车削板类零件,采用(　　)能减少悬空部位的振动和变形。
    A. 方框夹具　　　　　　　　　　B. 增加进给量
    C. 增加背吃刀量　　　　　　　　D. 提高切削速度

50. 爱祖国、爱人民、爱科学、爱社会主义作为社会公德建设的基本要求,是每个公民应当承担的法律义务和(　　)。
    A. 道德义务　　　　　　　　　　B. 道德行为
    C. 道德责任　　　　　　　　　　D. 道德品质

51. 工件在(　　)心轴上定位,定位精度高。
    A. 大锥度　　　　　　　　　　　B. 胀力
    C. 小锥度　　　　　　　　　　　D. 圆度

52. 车螺纹产生乱牙的主要原因是由于丝杠螺距和工件螺距之比不是(　　)而形成的。
    A. 整数　　　　　　　　　　　　B. 质数
    C. 小数　　　　　　　　　　　　D. 分数

53. 当车刀有负倒棱时,(    )。

A. 刀刃变钝,切削形变增大,使得切削力增大

B. 刀刃变钝,切削形变增大,使得切削力减小

C. 刀刃变锋利,切削形变增大,使得切削力变小

D. 刀刃变锋利,切削形变增大,使得切削力增大

54. 切削过程中,刃倾角为正值时,切削流向待加工表面或与后刀面相碰,形成(    )切削。

A. 带状 B. 螺旋形

C. 节状 D. 粒状

55. 制动器和片式摩擦离合器的控制是联动的,片式摩擦离合器松开时(    )拉紧,使主轴迅速停止运动。

A. 卡簧 B. 弹簧

C. 制动盘 D. 制动带

56. 在(    )中,孔的公差带与轴的公差带的位置关系是孔上轴下。

A. 过盈配合 B. 过渡配合

C. 间隙配合 D. 混合配合

57. 工件的安装精度是影响(    )的重要因素。

A. 定位精度 B. 辅助精度

C. 工作精度 D. 加工余量

58. 对于毛坯材料不均匀引起的切削力变化产生的加工误差,可通过增加走刀次数来减少误差复映,提高(    )。

A. 形状精度 B. 位置精度

C. 尺寸精度 D. 加工精度

59. 以下说法错误的是(    )。

A. 随着切削速度的增加,会使切削温度上升

B. 在一定的范围内,前角增大会使切削温度上升

C. 进给量增大,会使切削厚度减小,切削面积减小,切削温度上升

D. 切削液的润滑和冷却性能愈好,切削力减小,切削温度下降

60. 米制梯形螺纹的牙高为(    )。

A. $p-a$ B. $p+a$

C. $0.5p-a$ D. $0.5p+a$

61. 工艺基准是在零件加工过程中,为满足加工和(    )要求而确定的基准。

A. 装配 B. 定位

C. 测量 D. 计量

62. 在图样上,主要标出沟槽的(    )。

A. 宽度、深度或槽底直径

B. 宽度、深度以及表面粗糙度

C. 形状、宽度、深度或槽底直径以及表面粗糙度
D. 形状、宽度、深度以及表面粗糙度

63. 梯形螺纹车刀的装夹与普通内螺纹车刀( )。
   A. 相似                               B. 相当
   C. 相近                               D. 相同

64. 在形状公差中，公差带的位置( )。
   A. 均为固定                           B. 均为浮动
   C. 不能确定                           D. 有时浮动，有时固定

65. 与测量基准面相邻的六面体表面在加工前，先要找正测量基准面与主轴轴线的( )。
   A. 平行度                             B. 直线度
   C. 垂直度                             D. 位置度

66. 用齿厚游标卡尺测量蜗杆法向齿厚时，齿厚卡尺与蜗杆轴线间的夹角为( )。
   A. 螺旋角                             B. 导程角
   C. 轴向角                             D. 径向角

67. 加强职业道德培训是提高从业人员( )的重要手段。
   A. 职业道德修养                       B. 职业道德素质
   C. 职业道德规范                       D. 职业道德行为

68. 加工套类零件时，为了获得较高的( )，常采用互为基准、反复加工的原则，以不断提高定位基准的定位精度。
   A. 形状精度                           B. 位置精度
   C. 表面粗糙度                         D. 尺寸精度

69. 保护和改善环境、防止污染和其他公害属于环境保护的( )。
   A. 基本任务                           B. 作用
   C. 原则                               D. 内容

70. 梯形螺纹车刀的进给方向后角为( )。
   A. $(3°-5°)+\psi$                    B. $(3°-5°)-\psi$
   C. $(5°-8°)+\psi$                    D. $(5°-8°)-\psi$

71. 单针测量同三针测量相比，其测量精度( )。
   A. 略低                               B. 低
   C. 略高                               D. 高

72. 车削蜗杆时常选用较低的切削速度，并采用( )的方法来车削。
   A. 直进                               B. 分层
   C. 抬开合螺母                         D. 开倒顺车

73. 锯齿形外螺纹中经的公差带位置为( )。
   A. h                                  B. e
   C. c                                  D. g

74. (　　)是人类在漫长的交往实践中总结、凝练出来的做人基本准则。
   A. 爱岗敬业　　　　　　　　　　B. 诚实守信
   C. 遵纪守法　　　　　　　　　　D. 职业道德

75. 车削钢料时,矩形螺纹车刀每次的进给量为(　　),精车为 0.02～0.1 mm。
   A. 0.4～0.5 mm　　　　　　　　　B. 0.3～0.4 mm
   C. 0.2～0.3 mm　　　　　　　　　D. 0.1～0.2 mm

76. 美制螺纹的牙数在机床名牌上按车床(　　)部分表交换齿轮。
   A. 公制　　　　　　　　　　　　B. 英制
   C. 模数　　　　　　　　　　　　D. 径节

77. 三针测量的量针直径不能太大,如果太大,则量针的横截面与螺纹牙侧不(　　)无法测得中经的实际尺寸。
   A. 垂直　　　　　　　　　　　　B. 平行
   C. 相切　　　　　　　　　　　　D. 相交

78. 轮盘类零件内孔直径较大,内孔刀具要磨粗些,以增强刀具(　　)。
   A. 强度　　　　　　　　　　　　B. 硬度
   C. 刚度　　　　　　　　　　　　D. 韧性

79. 在四爪卡盘上装夹车削有孔间距工件时,一般按找正画线、预车孔、测量孔距(　　)找正偏心量、车孔至尺寸的工艺过程加工。
   A. 实际尺寸　　　　　　　　　　B. 画线尺寸
   C. 偏心尺寸　　　　　　　　　　D. 标注尺寸

80. 使用跟刀架时,必须注意支撑爪与工件的接触压力不宜过大,否则会把工件车成(　　)。
   A. 椭圆形　　　　　　　　　　　B. 锥形
   C. 竹节形　　　　　　　　　　　D. 菱形

**二、判断题(第 81～100 题。将判断结果填入括号中,正确的填"√",错误的填"×"。每题 1.0 分,满分 20 分)**

81. (　　)RL1 表示瓷插式熔断器。

82. (　　)在四爪卡盘上加工偏心孔时,可通过用百分表找正工件端面对主轴线垂直的方法来保证两孔之间的平行度。

83. (　　)压板上压紧螺栓的部位距离工件应进可能远一些,这样可以增加对工件的夹紧力。

84. (　　)可调坐标角铁主要由花盘,圆盘和角铁三个部分组成。

85. (　　)平等自愿原则是劳动合同的订立原则之一。

86. (　　)基轴制配合中轴的最大极限尺寸与基本尺寸相同。

87. (　　)用两顶尖车偏心工件,找正时间多。

88. (　　)锯齿形螺纹工作面牙型角为 30°。

89. (　　)车右螺纹时,矩形螺纹刀的进给后角为(6°-8°)+γ。

90. (　　)轮盘类零件多为铸造件,装夹前应先清除各处铸造冒口和附砂,使装夹稳定可靠。

91. (　　)为使开合螺母开合自如,应当使其在燕尾槽中能滑动轻便。

92. (　　)由于多线螺纹升角大,车刀两侧后角要相应增减。

93. (　　)装刀时车刀两侧切削刃组成的平面处于水平状态,且与蜗杆轴线等高,就能车削法向直廓蜗杆。

94. (　　)只需要在工件的一个表面上画线,却能明确表示加工界线的称为平面画线。

95. (　　)精车薄壁工件时,内孔精车刀的前角一般取25°。

96. (　　)美制密封圆锥管螺纹的牙型角为55°。

97. (　　)减少走刀次数,可减少误差复映,提高加工精度,且生产效率高。

98. (　　)当麻花钻的顶角不对称且两切削刃长度又不相等时,钻出的孔不仅孔径扩大,而且还会出现台阶。

99. (　　)特殊撑具支撑法,只能撑住曲轴的一端。

100. (　　)铰孔是用铰刀对未淬硬孔进行精加工的一种加工方法。

# 习题7

**一、选择题**(第1~80题。选择一个正确的答案,将相应的字母填入题内的括号中。每题1.0分,满分80分)

1. 正弦规有由工作台、两个直径相同的精密圆柱、(　　)挡板和后挡板等零件组成。
   A. 下　　　　　　　　　　　B. 前
   C. 后　　　　　　　　　　　D. 侧

2. 图样上符号⊥是(　　)公差叫(　　)。
   A. 位置,垂直度　　　　　　B. 形状,直线度
   C. 尺寸,偏差　　　　　　　D. 形状,圆柱度

3. 齿轮的花键宽度8 mm,最大极限尺寸(　　)。
   A. 8.035　　　　　　　　　　B. 8.065
   C. 7.935　　　　　　　　　　D. 7.965

4. 当卡盘本身的精度较高,装上主轴后圆跳动大的主要原因是主轴(　　)过大。
   A. 转速　　　　　　　　　　B. 旋转
   C. 跳动　　　　　　　　　　D. 间隙

5. 坐标系内某一位置的坐标尺寸上以相对于(　　)一位置坐标尺寸的增量进行标注或计量的,这种坐标值称为增量坐标。
   A. 第　　　　　　　　　　　B. 后
   C. 前　　　　　　　　　　　D. 左

6. 加工细长轴要使用中心架和跟刀架,以增加工件的(　　)刚性。

A. 工作  B. 加工
C. 回转  D. 安装

7. 主运动的速度最高,消耗功率(　　)。
   A. 最小  B. 最大
   C. 一般  D. 不确定

8. (　　)是在钢中加入较多的钨、钼、铬、钒等合金元素,用于制造形状复杂的切削刀具。
   A. 硬质合金  B. 高速钢
   C. 合金工具钢  D. 碳素工具钢

9. 钢为了提高强度应选用(　　)热处理。
   A. 退火  B. 正火
   C. 淬火 + 回火  D. 回火

10. 相邻两牙在中径线上对应两点之间的(　　),称为螺距。
    A. 斜线距离  B. 角度
    C. 长度  D. 轴线距离

11. 若齿面锥角位 26°33′54″,背角为(　　),此时背锥面与齿面之间的夹角是86°56′23″。
    A. 79°36′45″  B. 66°29′23″
    C. 84°  D. 70°25′36″

12. 锯齿型螺纹同(　　)螺纹的车削方法相似,所要注意的是锯齿型螺纹车刀的刀尖不对称,刃磨时不能磨反。
    A. 圆锥  B. 圆弧
    C. 三角  D. 梯形

13. 多孔插盘装在车床主轴上,转盘上有(　　)个等分的,精度很高的定位插孔,它可以对2,3,4,6,8,12线蜗杆进行分线。
    A. 10  B. 24
    C. 12  D. 20

14. 如需数控车床采用半径编程,则要改变系统中的相关参数,使(　　)处于半径编程状态。
    A. 系统  B. 主轴
    C. 滑板  D. 电机

15. 用正弦规检验锥度的方法:应先从有关表中查出莫氏圆锥角 α,算出圆锥(　　)α/2。
    A. 斜角  B. 全角
    C. 补角  D. 半角

16. 带传动是利用带作为中间挠性件,依靠带与带轮之间的(　　)或啮合来传递运动和动力。

A. 结合 B. 摩擦力
C. 压力 D. 互相作用

**17.** 粗加工多头蜗杆时,一般使用(　　)卡盘。
A. 偏心 B. 三爪
C. 四爪 D. 专用

**18.** 数控车床采用(　　)电动机经滚珠丝杠传到滑板和刀架,以控制刀具实现纵向($Z$向)和横向($X$向)进给运动。
A. 交流 B. 伺服
C. 异步 D. 同步

**19.** 用手捶打击錾子对金属工件进行切削的方法称为(　　)。
A. 錾削 B. 凿削
C. 非机械加工 D. 去除材料

**20.** QT500—7 中 QT 表示(　　)。
A. 青铜 B. 轻铜
C. 青铁 D. 球铁

**21.** 梯形螺纹分(　　)梯形螺纹和英制梯形螺纹两种。
A. 美制 B. 厘米制
C. 米制 D. 苏制

**22.** 保持工作环境清洁有序不正确的是(　　)。
A. 整洁的工作环境可以振奋职业精神
B. 优化工作环境
C. 工作结束后再清除油污
D. 毛坯、半成品按规定堆放整齐

**23.** 在给定一个方向时,平行度的公差带是(　　)。
A. 距离为公差值 $t$ 的两平行直线之间的区域
B. 直径为公差值 $t$,且平行于基准轴线的圆柱面内的区域
C. 距离为公差值 $t$,且平行于基准平面(或直线)的两平行平面之间的区域
D. 正截面为公差值 $t_1 \cdot t_2$,且平行于基准轴线的四棱柱内的区域

**24.** 钨钛钴类硬质合金是由碳化钨、碳化钛和(　　)组成。
A. 钒 B. 铌
C. 钼 D. 钴

**25.** 齿轮零件的剖视图表示了内花键的(　　)。
A. 几何形状 B. 互相位置
C. 长度尺寸 D. 内部尺寸

**26.** 车削中要经常检查支撑爪的松紧程度,并进行必要的(　　)。
A. 加工 B. 调整
C. 测量 D. 更换

27. 圆柱齿轮的结构分为齿圈和轮体两部分,在( )上切出齿形。
   A. 齿圈　　　　　　　　　　　　B. 轮体
   C. 齿轮　　　　　　　　　　　　D. 轮廓

28. 车床必须具有两种运动:( )运动和进给运动。
   A. 向上　　　　　　　　　　　　B. 剧烈
   C. 主　　　　　　　　　　　　　D. 辅助

29. 遵守法律法规要求( )。
   A. 积极工作　　　　　　　　　　B. 加强劳动协作
   C. 自觉加班　　　　　　　　　　D. 遵守安全操作规程

30. 利用百分表和量块分线时,把百分表固定在刀架上,并在床鞍上装一( )挡块。
   A. 横向　　　　　　　　　　　　B. 可调
   C. 滑动　　　　　　　　　　　　D. 固定

31. 中心架安装在床身导轨上,当中心架支撑在工件中间工件的( )可提高好几倍。
   A. 韧性　　　　　　　　　　　　B. 硬度
   C. 刚性　　　　　　　　　　　　D. 长度

32. ( )耐热性高,但不耐水,用于高温负荷处。
   A. 钠基润滑脂　　　　　　　　　B. 钙基润滑脂
   C. 锂基润滑脂　　　　　　　　　D. 铝基及复合铝基润滑脂

33. 根据零件的表达方案和( ),先用较硬的铅笔轻轻画出各基准,再画出底稿。
   A. 比例　　　　　　　　　　　　B. 效果
   C. 方法　　　　　　　　　　　　D. 步骤

34. 测量细长轴( )公差的外径时应使用游标卡尺。
   A. 形状　　　　　　　　　　　　B. 长度
   C. 尺寸　　　　　　　　　　　　D. 自由

35. 箱体重要加工表面要划分( )两个阶段。
   A. 粗和精加工　　　　　　　　　B. 基准和非基准
   C. 大与小　　　　　　　　　　　D. 内与外

36. 增大非整圆时的接触面积;可采用特质的( )和开缝套筒;这样可使夹紧力分布均匀;减小工件变形。
   A. 夹具　　　　　　　　　　　　B. 三爪
   C. 四爪　　　　　　　　　　　　D. 软爪类

37. 车削非整圆孔零件时注意在花盘上加工时工件( )件平衡块等腰装夹牢固。
   A. 定位　　　　　　　　　　　　B. 组
   C. 部　　　　　　　　　　　　　D. 配

38. 偏心件零件图采用一个主视图,一个( )和轴肩槽放大的表达立法。
   A. 左视图　　　　　　　　　　　B. 俯视图
   C. 局部视图　　　　　　　　　　D. 剖面图

39. 精磨主副后刀面时,用( )检验刀尖。
   A. 千分尺　　　　　　　　　　B. 卡尺
   C. 样板　　　　　　　　　　　D. 钢板尺
40. 细长轴图样端面处的 2—B.3.15/10 表示两端面中心孔为( )型,前端面直径 3.15 mm,后端面最大直径 10 mm。
   A. A　　　　　　　　　　　　B. B
   C. C　　　　　　　　　　　　D. D
41. 通过分析装配视图,掌握该部件的形体结构,彻底了解( )的组成情况,弄懂各零件的相互位置。传动关系及部件的工作原理,想想各组要零件的结构形状。
   A. 零件图　　　　　　　　　　B. 装配图
   C. 位置精度　　　　　　　　　D. 相互位置
42. 偏心工件夹装方法有两顶尖装夹、四爪卡盘装夹、三爪卡盘装夹、偏心卡盘装夹、双中卡盘装夹、( )夹具装夹等。
   A. 专用偏心　　　　　　　　　B. 随行
   C. 组合　　　　　　　　　　　D. 气动
43. 职业道德不体现( )
   A. 从业者对从事的态度　　　　B. 从业者资收入
   C. 从业者价值观　　　　　　　D. 从业者道德观
44. 不属于岗位质量措施与责任的是( )
   A. 明确岗位质量责任制度
   B. 岗位工作要按作业指导书进行
   C. 明确上下工序之间相应的质量问题的责任
   D. 满足市场的需求
45. 数控车床需对刀尺寸进行严格的测量以获得精确数据,并将这些数据输入( )系统。
   A. 控制　　　　　　　　　　　B. 数控
   C. 计算机　　　　　　　　　　D. 数字
46. 副偏角一般采用( )左右。
   A. 10°～15°　　　　　　　　　B. 6°～8°
   C. 1°～5°　　　　　　　　　　D. -6°
47. 多线蜗杆的各螺旋线沿轴向是( )分布的,从端面上看,在圆周上是等角度分布的。
   A. 等角　　　　　　　　　　　B. 等距
   C. 不等距　　　　　　　　　　D. 轴向
48. 车床主轴的生产类型为( )。
   A. 单件　　　　　　　　　　　B. 批量生产
   C. 大批量生产　　　　　　　　D. 不确定

49. 离合器由端面有螺旋齿爪的左、右两半组成,左半部由( )带动在轴上空转,右半部分和轴上花联结。
   A. 主轴　　　　　　　　　　　　B. 光杠
   C. 齿轮　　　　　　　　　　　　D. 花键

50. 测量偏心距时,用顶尖顶住基准部分的中心孔,百分表侧头与偏心部分外圆连接,用手动转动工件,百分表读数最大值与最小值之差的( )就是偏心距离的实际尺寸。
   A. 一半　　　　　　　　　　　　B. 二倍
   C. 一倍　　　　　　　　　　　　D. 尺寸

51. 对闸刀开关的叙述不正确的是( )。
   A. 是一种简单的手动控制电器
   B. 不易分断负载电流
   C. 用于照明机小容量电动机控制线路中
   D. 分两极三极和四极闸刀开关

52. 量块高度尺寸的计算公式中"( )"表示量块组尺寸,单位为毫米。
   A. a　　　　　　　　　　　　　B. h
   C. L　　　　　　　　　　　　　D. s

53. C.A.6140型车床尾座的主视图采用( ),它同时反映了顶尖、丝杠、套筒等主要结构和尾座体、导板等大部分结构。
   A. 全剖面　　　　　　　　　　　B. 阶梯剖视
   C. 局部剖视　　　　　　　　　　D. 剖面图

54. 不违反安全操作规程的是( )。
   A. 不按标准工艺生产　　　　　　B. 自己制定生产工艺
   C. 使用不熟悉的机床　　　　　　C. 执行国家劳动保护政策

55. 蜗杆的用途为涡轮、蜗杆传动,常用于做减速运动的( )机构中。
   A. 连杆　　　　　　　　　　　　B. 自锁
   C. 传动　　　　　　　　　　　　D. 曲柄

56. 起锯时,起锯角应在( )左右。
   A. 5°　　　　　　　　　　　　　B. 10°
   C. 15°　　　　　　　　　　　　D. 20°

57. 百分表的标识范围通常有:0～3 mm,0～5 mm和( )三种。
   A. 0～8 mm　　　　　　　　　　B. 0～10 mm
   C. 0～12 mm　　　　　　　　　 D. 0～15 mm

58. 但检验高精度周详尺寸时量具应选择:检验( )、量块、百分表及活动表架等。
   A. 弯板　　　　　　　　　　　　B. 平板
   C. 量规　　　　　　　　　　　　D. 水平仪

59. 较大曲轴一般都在两端留工艺轴颈,或装上( )夹板。在工艺轴颈上或偏心夹板上钻出主轴颈和曲轴颈的中心孔。

A. 偏心 B. 大
C. 鸡心 D. 工艺

60. 工件图样中的梯形螺纹（　　）轮廓线用粗实线表示。
A. 剖面 B. 中心
C. 牙型 D. 小径

61. 万能角度尺按其游标读数值可分为2′和（　　）两种。
A. 4′ B. 8′
C. 6′ D. 5′

62. 加工 Tr36X6 的梯形螺纹时，它的牙高为（　　）mm。
A. 3.5 B. 3
C. 4 D. 3.25

63. 夹紧力作用点应尽量落在主要（　　）面上，以保证加紧稳定可靠。
A. 基准 B. 定位
C. 圆柱 D. 圆锥

64. 轴向直廓蜗杆又称 ZA 蜗杆，这种蜗杆在轴向平面内齿廓为直线，而在垂直轴线的于轴线的剖面内齿形是阿基米德螺线，所以又称（　　）蜗杆。
A. 渐开线 B. 阿基米德
C. 双曲线 D. 抛物线

65. 正确的触点救护措施是（　　）。
A. 打强心针 B. 接氧气
C. 人工呼吸 D. 按压胸口

66. 立式车床由于公建机工作台的重力有机床导轨或（　　）轴承承担，大大减轻了立柱及主轴轴承的负载，因而能长期保证机床精度。
A. 向心 B. 推力
C. 圆锥 D. 静压

67. 精车矩形螺纹时，应保证螺纹各部分尺寸符合（　　）要求。
A. 图纸 B. 工艺
C. 基本 D. 配合

68. 偏心工件的主要装夹方法有两顶尖装夹、四爪卡盘装夹、三抓卡盘装夹、偏心卡盘装夹、双中卡盘装夹、（　　）偏心夹具装夹等。
A. 专用 B. 通用
C. 万能 D. 单动

69. 量块是精密量具，使用时要注意防腐蚀，防（　　），切不可撞击。
A. 划伤 B. 烧伤
C. 撞 D. 潮湿

70. 车削偏心轴的专用偏心夹具，偏心套做成（　　）形，外圆夹在卡盘上。
A. 矩形 B. 圆柱

C. 圆锥 D. 台阶

**71.** 千分尺读数时( )。

A. 不能取下 B. 必须取下

C. 最好不取下 D. 先取下,再锁紧,然后读数

**72.** 当工件数量较少,( )较短,不便于用两顶安装时,可在四爪单动卡盘上装夹。

A. 卡盘 B. 长度

C. 外径 D. 内孔

**73.** 钻孔一般属于( )。

A. 精加工 B. 半精加工

C. 粗加工 D. 半精加工和精加工

**74.** 高速钢时含有钨、铬、钒、钼等合金元素较多的( )。

A. 铸铁 B. 合金钢

C. 低碳钢 D. 高碳钢

**75.** ( )梯形螺旋粗车刀的牙型角为 29.5°。

A. 高速钢 B. 硬质合金

C. YT15 D. YW2

**76.** 切削时切削刃会受到很大的压力和冲击力,因此刀具必须具备足够的( )。

A. 硬度 B. 强度和韧性

C. 工艺性 D. 耐磨性

**77.** V 带的截面形状为梯形,与轮槽相接触的( )为工作面。

A. 所有表面 B. 底面

C. 两侧面 D. 单侧面

**78.** 测量两平行非完整孔的( )时应选用内径百分表,内径千分尺,千分尺等。

A. 位置 B. 长度

C. 偏心距 D. 中心距

**79.** 三针测量蜗杆分度圆直径时千分尺读数值 $M$ 的计算公式 $M = d_2 + 30924dD - ($  )m。

A. 1.866 B. 4.414

C. 3.966 D. 4.316

**80.** 齿轮泵( )属于非整圆孔工件。

A. 齿轮 B. 壳体

C. 传动轴 D. 油孔

## 二、判读题(第 81~100 题。将判断结果填入括号中,正确的填"√",错误的填"×"。每题 1.0 分,满分 20 分)

**81.** ( )在精车蜗杆时,一定要采用水平装刀法。

**82.** ( )中滑板丝杠与螺母间隙调整合适后,应把螺钉松开。

**83.** ( )环境保护法为国家执行环境监督管理职能提供法律咨询。

84. (　)三爪自定心卡盘装夹较短轴时,限制工件的三个自由度。
85. (　)大型的重型壳体类零件要在立式车床上加工。
86. (　)矩形 38×6 的外螺纹是左旋螺纹。
87. (　)连接盘零件图的剖面现用粗实线画出。
88. (　)飞轮的内孔使用内孔车刀加工。
89. (　)表面粗糙度不会影响到机器的使用寿命。
90. (　)当被加工表面的旋转轴线与基准面平行,外形复杂的工件可安装在花盘上加工。
91. (　)多拐曲轴对曲柄轴承间的角度要求是通过准确的定位装夹来实现的。
92. (　)偏心轮通常选用 A.3 或铝合金。
93. (　)硬质合金车刀加工铝合金时前角一般为 40°~45°。
94. (　)常用固体润滑剂不可以在高温高压下使用。
95. (　)多线螺纹技术要求的中工件的两端面不可以钻中心孔。
96. (　)爱岗敬业就是对从业人员工作态度的首要要求。
97. (　)绕 Z 轴方向的移动,以'z 表示。
98. (　)电动机运行时要随时监视。
99. (　)粗车螺距大于 8 mm 的梯形螺纹时,可采用车斜进槽法。
100. (　)蜗杆零件图中,其齿形各部分尺寸在移出剖视中表示。

# 标准答案与评分标准

## 一、选择题

评分标准:各小题答对给 1.0 分;答错或漏答不给分,也不扣分

1. D　2. A　3. B　4. D　5. C
6. D　7. B　8. B　9. C　10. D
11. B　12. D　13. C　14. A　15. B
16. B　17. B　18. B　19. A　20. D
21. C　22. C　23. C　24. D　25. A
26. B　27. A　28. C　29. D　30. D
31. C　32. A　33. A　34. C　35. A
36. D　37. A　38. C　39. C　40. B
41. B　42. A　43. B　44. C　45. B
46. B　47. B　48. B　49. C　50. A
51. D　52. B　53. C　54. C　55. C
56. C　57. B　58. B　59. A　60. C
61. D　62. A　63. B　64. B　65. C

66. B  67. A  68. A  69. A  70. B
71. C  72. B  73. C  74. B  75. A
76. B  77. C  78. D  79. A  80. B

二、判断题

评分标准：各小题答对给1.0分；答错或漏答不给分，也不扣分

81. √  82. ×  83. √  84. √  85. √
86. ×  87. ×  88. √  89. ×  90. √
91. √  92. ×  93. ×  94. √  95. ×
96. √  97. ×  98. √  99. ×  100. √

# 习题 8

**一、选择题**（第1~80题。选择正确的答案，将相应的字母填入题内的括号中。每题1.0分。满分80分）

1. 包括：(1)一组图形；(2)必要的尺寸；(3)必要的技术要求；(4)零件序号和明细栏；(5)标题栏5项内容的图样是(　　)。
   A. 零件图　　　　　　　　　B. 装配图
   C. 展开图　　　　　　　　　D. 示意图

2. 标注形位公差代号时，形位公差框格左起第一格应填写(　　)。
   A. 形位公差项目名称　　　　B. 形位公差项目符号
   C. 形位公差数值及有关符号　D. 基准代号

3. $R_y$是表面粗糙度评定参数中(　　)的符号。
   A. 轮廓算术平均偏差　　　　B. 微观不平度十点高度
   C. 轮廓最大高度　　　　　　D. 轮廓不平程度

4. 局部剖视图用波浪线作为剖与未剖部分的分界线，波浪线的粗细是(　　)粗细的1/3。
   A. 细实线　　　　　　　　　B. 粗实线
   C. 点画线　　　　　　　　　D. 虚线

5. 内径百分表盘面有长短两个指针，短指针一格表示(　　)mm。
   A. 1　　　　　　　　　　　　B. 0.1
   C. 0.01　　　　　　　　　　D. 10

6. 表面粗糙度通常是按照波距来划分，波距小于(　　)mm属于表面粗糙度。
   A. 0.01　　　　　　　　　　B. 0.1
   C. 0.5　　　　　　　　　　 D. 1

7. 机械传动是采用带轮、齿轮、轴等机械零件组成的传动装置来进行(　　)的传递。
   A. 运动　　　　　　　　　　B. 动力

C. 速度 D. 能量

8. 能保持传动比恒定不变的是( )。
   A. 带传动 B. 链传动
   C. 齿轮传动 D. 摩擦轮传动
9. 液压传动是依靠( )来传递动力的。
   A. 油液内部的压力 B. 密封容积的变化
   C. 油液的流动 D. 活塞的运动
10. 液压系统中的执行部分是指。
    A. 液压泵 B. 液压缸
    C. 各种控制阀 D. 输油管、油箱等
11. 液压系统不可避免地存在( )故其传动比不能保持严格准确。
    A. 泄漏现象 B. 摩擦阻力
    C. 流量损失 D. 压力损失
12. 油缸两端的泄漏不等或单边泄漏,油缸两端的排气孔径不等以及油缸两端的活塞杆弯曲不一致都会造成工作台( )。
    A. 往复运动速度降低 B. 低速爬行
    C. 往复运动速度误差大 D. 往复运动速度升高
13. 一般液压设备夏季液压油可选用( )。
    A. 22 号机械油 B. 32 号机械油
    C. 22 号汽轮机油 D. 40 号汽轮机油
14. 车刀切削部分材料的硬度不能低于( )。
    A. HRC90 B. HRC70
    C. HRC60 D. HRC50
15. 加工塑性金属材料应选用( )硬质合金。
    A. YT 类 B. YG 类
    C. YW 类 D. YN 类
16. 磨削加工的实质可看成是具有无数个刀齿的( )刀的超高速切削加工。
    A. 铣 B. 车
    C. 磨 D. 插
17. 在氧化物系和碳化物系磨料中,磨削硬质合金时应选用( )砂轮。
    A. 棕刚玉 B. 白刚玉
    C. 黑色碳化硅 D. 绿色碳化硅
18. 工件以外圆柱面作为定位基准,当采用长 V 形块定位时,可限制( )自由度。
    A. 一个 B. 两个
    C. 三个 D. 四个
19. 根据夹紧装置的结构和作用有简单夹紧装置、复合夹紧装置和( )。
    A. 偏心机构 B. 螺旋机构

C. 楔块机构 D. 气动、液压装置

20. 钻床夹具有固定式、移动式、盖板式、翻转式和（　　）。
   A. 回转式 B. 流动式
   C. 摇臂式 D. 立式

21. 将钢件加热、保温,然后在空气中冷却的热处理工艺叫（　　）。
   A. 正火 B. 退火
   C. 回火 D. 淬火

22. 用画针画线时,针尖要紧靠（　　）的边沿。
   A. 工件 B. 导向工具
   C. 平板 D. 角尺

23. 常用的分度头有 FW100,（　　）,FW160 等几种。
   A. FW110 B. FW120
   C. FW125 D. FW140

24. 錾削硬钢或铸铁等硬材料时,楔角取（　　）。
   A. 30°~50° B. 50°~60°
   C. 60°~70° D. 70°~90°

25. 锉刀共分三种:普通锉、特种锉及（　　）。
   A. 刀口锉 B. 菱形锉
   C. 整形锉 D. 椭圆锉

26. 选择锉刀时,锉刀（　　）要和工件加工表面形状相适应。
   A. 大小 B. 粗细
   C. 新旧 D. 断面形状

27. 一般手锯的往复长度不应小于锯条长度的（　　）。
   A. 1/3 B. 2/3
   C. 1/2 D. 3/4

28. 标准群钻的形状特点是三尖七刃（　　）。
   A. 两槽 B. 三槽
   C. 四槽 D. 五槽

29. 钻骑缝螺纹底孔时,应尽量用（　　）钻头。
   A. 长 B. 短
   C. 粗 D. 细

30. 钻削精度较高的铸铁工件的孔时,采用（　　）作冷却润滑液。
   A. 亚麻没油 B. 煤油
   C. 机油 D. 豆油

31. 锪孔时,进给量是钻孔的（　　）倍。
   A. 1~1.5 B. 2~3
   C. 1/2 D. 3~4

32. 丝锥的构造由（　　）组成。
   A. 切削部分和柄部　　　　　　　　B. 切削部分和校准部分
   C. 工作部分和校准部分　　　　　　D. 工作部分和柄部

33. 检查用的平板其平面度要求0.03,应选择（　　）方法进行加工。
   A. 磨　　　　　　　　　　　　　　B. 精刨
   C. 刮削　　　　　　　　　　　　　D. 锉削

34. 显示剂的种类有红丹粉和（　　）。
   A. 铅油　　　　　　　　　　　　　B. 蓝油
   C. 机油　　　　　　　　　　　　　D. 矿物油

35. 轴承内孔的刮削精度除要求有一定数目的接触点,还应根据情况考虑接触点的（　　）。
   A. 合理分布　　　　　　　　　　　B. 大小情况
   C. 软硬程度　　　　　　　　　　　D. 高低分布

36. 棒料和轴类零件在矫正时会产生（　　）变形。
   A. 塑性　　　　　　　　　　　　　B. 弹性
   C. 塑性和弹性　　　　　　　　　　D. 扭曲

37. 相同材料,弯曲半径越小,变形（　　）。
   A. 越大　　　　　　　　　　　　　B. 越小
   C. 不变　　　　　　　　　　　　　D. 可能大也可能小

38. 零件的清理、清洗是（　　）的工作要点。
   A. 装配工作　　　　　　　　　　　B. 装配工艺过程
   C. 装配前准备工作　　　　　　　　D. 部件装配工作

39. 如果把影响某一装配精度的有关尺寸彼此按顺序地连接起来,可以构成一个封闭外形,这些相互关联尺寸的总称叫（　　）。
   A. 装配尺寸链　　　　　　　　　　B. 封闭环
   C. 组成环　　　　　　　　　　　　D. 增环

40. 根据装配方法解尺寸链有完全互换法、（　　）、修配法、调整法。
   A. 选择法　　　　　　　　　　　　B. 直接选配法
   C. 分组选配法　　　　　　　　　　D. 互换法

41. 装配工艺规程的（　　）包括所需设备工具时间定额等。
   A. 原则　　　　　　　　　　　　　B. 方法
   C. 内容　　　　　　　　　　　　　D. 作用

42. 编制工艺规程的方法第二项是（　　）。
   A. 对产品进行分析　　　　　　　　B. 确定组织形式
   C. 确定装配顺序　　　　　　　　　D. 划分工序

43. 分度头的主轴轴心线能相对于工作台平面向上（　　）和向下10°。
   A. 10°　　　　　　　　　　　　　B. 45°

C. 90°　　　　　　　　　　　　D. 120°

44. 要在一圆盘面上划出六边形,应选用的分度公式为(　　)。
   A. 20/Z　　　　　　　　　　　B. 30/Z
   C. 40/Z　　　　　　　　　　　D. 50/Z

45. 分度头中手柄心轴上的蜗杆为单头,主轴上的蜗轮齿数为40,当手柄转过一周,分度头主轴转过1/40周,这是分度头的(　　)原理。
   A. 分度　　　　　　　　　　　B. 传动
   C. 结构　　　　　　　　　　　D. 作用

46. 立式钻床的主要部件包括主轴变速箱、进给变速箱、(　　)和进给手柄。
   A. 进给机构　　　　　　　　　B. 操纵机构
   C. 齿条　　　　　　　　　　　D. 主轴

47. 用测力扳手使预紧力达到给定值的方法是(　　)。
   A. 控制扭矩法　　　　　　　　B. 控制螺栓伸长法
   C. 控制螺母扭角法　　　　　　D. 控制工件变形法

48. 在(　　)圆形式方形布置的成组螺母时,必须对称地进行。
   A. 安装　　　　　　　　　　　B. 松开
   C. 拧紧　　　　　　　　　　　D. 装配

49. 松键装配在(　　)方向,键与轴槽的间隙是0.1 mm。
   A. 键宽　　　　　　　　　　　B. 键长
   C. 键上表面　　　　　　　　　D. 键下表面

50. 装配紧键时,用涂色法检查键下、下表面与(　　)接触情况。
   A. 轴　　　　　　　　　　　　B. 毂槽
   C. 轴和毂槽　　　　　　　　　D. 槽底

51. 静连接花键装配,要有较少的过盈量,若过盈量较大,则应将套件加热到(　　)后进行装配。
   A. 100°　　　　　　　　　　　B. 80°~120°
   C. 150°　　　　　　　　　　　D. 200°

52. 键的磨损一般都采取(　　)的修理办法。
   A. 锉配键　　　　　　　　　　B. 更换键
   C. 压入法　　　　　　　　　　D. 试配法

53. 销连接有圆柱销连接和(　　)连接两类。
   A. 锥销　　　　　　　　　　　B. 圆销
   C. 扁销　　　　　　　　　　　D. 圆锥销

54. 过盈连接的类型有圆柱面过盈连接装配和(　　)。
   A. 圆锥面过盈连接装配　　　　B. 普通圆柱销过盈连接装配
   C. 普通圆锥销过盈连接　　　　D. 螺座圆锥销的过盈连接

55. 当过盈量及配合尺寸较小时,一般采用(　　)装配。

A. 温差法      B. 压入法
C. 爆炸法      D. 液压套合法

56. 带轮相互位置不准确会引起带张紧不均匀而过快磨损，对（ ）不大测量方法是长直尺。
A. 张紧力      B. 摩擦力
C. 中心距      D. 都不是

57. 带轮装到轴上后，用（ ）量具检查其端面跳动量。
A. 直尺      B. 百分表
C. 量角器      D. 直尺或拉绳

58. 链传动的损坏形式有链被拉长，（ ）及链断裂等。
A. 销轴和滚子磨损      B. 链和链轮磨损
C. 链和链轮配合松动      D. 脱链

59. 转速（ ）的大齿轮装在轴上后应作平衡检查，以免工作时产生过大振动。
A. 高      B. 低
C. 1 500 r/min      D. 1 440 r/min

60. 蜗杆与蜗轮的轴心线相互间有（ ）关系。
A. 平行      B. 重合
C. 倾斜      D. 垂直

61. （ ）装配时，首先应在轴上装平键。
A. 牙嵌式离合器      B. 磨损离合器
C. 滑块式联轴器      D. 凸缘式联轴器

62. 圆锥式摩擦离合器装配要点之一就是在（ ）要有足够的压力，把两锥体压紧。
A. 断开时      B. 结合时
C. 装配时      D. 工作时

63. 离合器是一种使主、从动轴接合或分开的传动装置，分牙嵌式和（ ）两种。
A. 摩擦式      B. 柱销式
C. 内齿式      D. 侧齿式

64. 整体式、剖分式、内柱外锥式向心滑动轴承是按轴承的（ ）形式不同划分的。
A. 结构      B. 承受载荷
C. 润滑      D. 获得液体摩擦

65. 整体式向心滑动轴承是用（ ）装配的。
A. 热胀法      B. 冷配法
C. 压入法      D. 爆炸法

66. 滑动轴承装配的主要要求之一是（ ）。
A. 减少装配难度      B. 获得所需要的间隙
C. 抗蚀性好      D. 获得一定速比

67. 液体静压轴承是靠液体的（ ）平衡外载荷的。

A. 流速　　　　　　　　　　B. 静压
C. 动压　　　　　　　　　　D. 重量

68. 按能否自动调心，滚动轴承又分(　　)和一般轴承。

A. 向心轴承　　　　　　　　B. 推力轴承
C. 球轴承　　　　　　　　　D. 球面轴承

69. 弹簧装置测量有背靠背安装、(　　)、同向安装。

A. 面对面安装　　　　　　　B. 双向安装
C. 单向安装　　　　　　　　D. 正面安装

70. 相同精度的前后滚动轴承采用定向装配时，其主轴径向跳动量(　　)。

A. 增大　　　　　　　　　　B. 减小
C. 不变　　　　　　　　　　D. 可能增大，也可能减小

71. 轴、轴上零件及两端(　　)，支座的组合称轴组。

A. 轴孔　　　　　　　　　　B. 轴承
C. 支承孔　　　　　　　　　D. 轴颈

72. 设备修理，拆卸时一般应(　　)。

A. 先内后外　　　　　　　　B. 先上后下
C. 先外部、上部　　　　　　D. 先内、下

73. 由于油质灰砂或润滑油不清洁造成的机件磨损称(　　)磨损。

A. 氧化　　　　　　　　　　B. 振动
C. 砂粒　　　　　　　　　　D. 摩擦

74. 消除铸铁导轨的内应力所造成的变化，需在加工前(　　)处理。

A. 回火　　　　　　　　　　B. 淬火
C. 时效　　　　　　　　　　D. 表面热

75. 用检验棒校正(　　)螺母副同轴度时，为消除检验棒在各支承孔中的安装误差，可将检验棒转过后再测量一次，取其平均值。

A. 光丝180°　　　　　　　　B. 主轴
C. 丝杠　　　　　　　　　　D. 从动轴

76. 电线穿过门窗及其他(　　)应加套磁管。

A. 塑料管　　　　　　　　　B. 木材
C. 铝质品　　　　　　　　　D. 可燃材料

77. 使用锉刀时，不能(　　)。

A. 推锉　　　　　　　　　　B. 双手锉
C. 来回锉　　　　　　　　　D. 单手锉

78. 工具摆放要(　　)。

A. 整齐　　　　　　　　　　B. 堆放
C. 混放　　　　　　　　　　D. 随便

79. 接触器是一种(　　)的电磁式开关。

A. 间接      B. 直接
C. 非自动      D. 自动

80. 工业企业在计划期内生产的符合质量的工业产品的实物量叫(　　)。
A. 产品品种      B. 产品质量
C. 产品产量      D. 产品产值

二、判断题(第81~100题。将判断结果填入括号中,正确的填"√",错误的填"×"。每题1.0分,满分20分)

(　)81. 三视图投影规律是主、俯长对正,主、左高平齐,俯、左宽相等。
(　)82. 带传动由于带是挠性件,富有弹性,故有吸振和缓冲作用,且可保证传动比准确。
(　)83. 工作电压为220 V手电钻因采用双重绝缘,故操作时可不必采取绝缘措施。
(　)84. 车床主轴与轴承间隙过小或松动被加工零件产生圆度误差。
(　)85. 画线时用已确定零件各部位尺寸、几何形状及相应位置的依据称为设计基准。
(　)86. 锉刀不可作撬棒或手锤用。
(　)87. 开始攻丝时,应先用二锥起攻,然后用头锥整形。
(　)88. 研磨合金工具钢,高速钢的最好磨料是碳化物磨料。
(　)89. 研磨液在研磨中起调和磨料,冷却和润滑的作用。
(　)90. 当弯曲半径小时,毛坯长度可按弯曲内层计算。
(　)91. 产品的装配工艺过程包括装配前的准备工作、装配工作、调整精度和试车及喷漆、涂油和装箱。
(　)92. 立钻主轴和进给箱的二级保养要按需要更换1号钙基润滑脂。
(　)93. 过盈装配的压入配合时,压入过程必须连续压入速度以2~4 mm/s为宜。
(　)94. 在带传中,不产生打滑的皮带是平带。
(　)95. 轮齿的接触斑点应用涂色法检查。
(　)96. 特殊圆柱蜗杆传动的精度等级有12个。
(　)97. 机体组件是内燃机各机构、各系统工作和装配的基础,承受各种载荷。
(　)98. 轴向间隙直接影响丝杠螺母副的传动精度。
(　)99. 操作钻床时,不能戴眼镜。
(　)100. 千斤顶在使用前必须检查螺杆螺母磨损情况,磨损超过25%就不能使用。

# 标准答案与评分标准

**一、选择题**

评分标准：各小题答对给1.0分;答错或漏答不给分,也不扣分
1. B    2. B    3. C    4. B    5. A

6. D  7. D  8. C  9. A  10. B
11. A  12. C  13. B  14. C  15. A
16. A  17. D  18. D  19. D  20. A
21. A  22. B  23. C  24. C  25. C
26. D  27. B  28. A  29. B  30. B
31. B  32. D  33. C  34. B  35. A
36. C  37. A  38. A  39. A  40. A
41. C  42. B  43. C  44. C  45. A
46. D  47. A  48. C  49. B  50. C
51. B  52. B  53. D  54. A  55. B
56. C  57. B  58. B  59. A  60. D
61. D  62. B  63. A  64. A  65. C
66. B  67. B  68. D  69. A  70. A
71. B  72. C  73. C  74. C  75. C
76. D  77. C  78. A  79. D  80. C

## 二、判断题

评分标准：各小题答对给1.0分；答错或漏答不给分，也不扣分

81. √  82. ×  83. √  84. ×  85. ×
86. √  87. ×  88. ×  89. √  90. ×
91. √  92. ×  93. √  94. ×  95. √
96. ×  97. √  98. √  99. ×  100. √

# 参 考 文 献

[1] 黄云成. 机械加工实训[M]. 北京:电子工业出版社,2007.
[2] 钟慧,罗为加. 机械加工实训项目教程(国家示范性中等职业技术教育精品教材)[M]. 广州:华南理工大学出版社,2012.
[3] 许光驰. 机械加工实训教程(全国高等职业教育规划教材)[M]. 北京:机械工业出版社,2013.
[4] 张家平,周宇,周晓莲,等. 机械加工实训教程[M]. 北京:清华大学出版社,2016.
[5] 袁长河. 机械基础与普通机加工实训[M]. 武汉:华中科技大学出版社,2011.
[6] 王增强. 机械加工技能实训[M]. 北京:机械工业出版社,2014.
[7] 苏珉. 机械制造技术[M]. 北京:人民邮电出版社,2006.
[8] 柳燕君. 模具制造技术实训指导[M]. 北京:高等教育出版社,2007.
[9] 希忠. 工艺与实训[M]. 济南:山东科学技术出版社,2006.
[10] 姜爱国. 数控机床技能实训[M]. 北京:北京理工大学出版社,2007.
[11] 袁梁梁. 机械加工技能实训[M]. 北京:北京理工大学出版社,2007.
[12] 郑光华. 机械制造实习教材[M]. 北京:中国船舶工业总公司出版社,2006.
[13] 朱勤惠. 车工工艺与技能训练[M]. 北京:中国劳动社会保障出版社,2007.
[14] 张国文. 机械制造基础[M]. 北京:人民邮电出版社,2007.
[15] 徐小国. 机加工实训[M]. 北京:北京理工大学出版社,2007.